Einführung in die Zahlentheorie

von

Dr. Arnold Scholz †
Dozent der Mathematik an der Universität Kiel

überarbeitet und herausgegeben von

Dr. Bruno Schoeneberg
Professor an der Universität Hamburg

5. Auflage

Sammlung Göschen Band 5131

Walter de Gruyter
Berlin · New York · 1973

Druck: Saladruck, Berlin - Printed in Germany

ISBN 3 11 004423 4

Inhalt

Weiterführende Literatur

Borewicz-Šafarevič: Zahlentheorie. Basel und Stuttgart 1966.

Dirichlet-Dedekind: Vorlesungen über Zahlentheorie. Braunschweig. 3. Aufl. 1879; 4. Aufl. 1894.
S. auch Dedekind, Ges. Werke.

Gauß: Disquisitiones Arithmeticae. Leipzig 1801. Übersetzung von Maser: Untersuchungen über höhere Arithmetik. Berlin 1889.

Hardy and Wright: An introduction to the theory of numbers. Oxford 1938. 4. Aufl. 1960.

Hasse: Vorlesungen über Zahlentheorie. Berlin 1950. 2. Aufl. 1964.

Hecke: Vorlesungen über die Theorie der algebraischen Zahlen. Leipzig 1923. 2. Aufl. 1954.

Hilbert: Bericht über die Theorie der algebraischen Zahlkörper. Jahresberichte der Deutschen Mathematiker-Vereinigung 4 (1894).
S. auch Hilbert, Ges. Werke.

Kraitchik: Théorie des nombres I. Paris 1922, II, 1929; Récherches sur la théorie des nombres. Paris 1924.

Landau: Grundlagen der Analysis. Leipzig 1930. Englische Übersetzung: Foundations of Analysis. Chelsea 1951.

Trost: Primzahlen. Basel 1953.

I. Teilbarkeitseigenschaften

§ 1. Der Ring der ganzen Zahlen

Gegenstand der elementaren Zahlentheorie sind in erster Linie die natürlichen Zahlen 0, 1, 2, 3, 4 . . . . Die axiomatische Grundlegung der Lehre von den natürlichen Zahlen ist indes nicht Aufgabe der Zahlentheorie. Für sie stehen Existenz der natürlichen Zahlen und ihre Hauptverknüpfungsarten, Addition und Multiplikation, mit ihren Gesetzen schon fest. Auch die Erweiterung des Bereichs der natürlichen Zahlen zum Bereich der ganzen Zahlen . . ., — 3, — 2, — 1, 0, 1, 2, 3, . . . mit seinen Gesetzen der Anordnung und Rechnung wird als vollzogen angesehen. Wir wollen alles zusammenstellen, was wir von den ganzen Zahlen als bekannt voraussetzen, und zwar in einer Form, die eine axiomatische Grundlegung der Lehre von den ganzen Zahlen andeutet. Dabei haben wir gleichzeitig Gelegenheit, später häufig auftretende Begriffe zu erklären.

A. Definition der natürlichen Zahlen

1. Die natürlichen Zahlen bilden eine Menge Z von unterschiedenen Elementen. Je zwei ihrer Elemente a, b sind entweder identisch, $a = b$, oder voneinander verschieden, $a \neq b$.

2. Je zwei verschiedene Elemente a, b aus Z stehen zueinander in einer durch „vor" oder „kleiner" ausgedrückten Beziehung derart, daß entweder „a vor b" oder „b vor a" gilt.

Für „a vor b" schreiben wir $a < b$. Die Schreibweisen $a < b$ und $b > a$ sollen dasselbe bedeuten, und $a \leqq b$ ist eine abkürzende Schreibweise für „$a < b$ oder $a = b$".

3. Wenn für Elemente aus Z die Beziehungen $a < b$ und $b < c$ gelten, dann gilt auch $a < c$.

Die Elemente aus Z erfüllen die Forderungen, die man an eine geordnete Menge stellt.

4. Die Menge Z besitzt ein erstes, allen vorangehendes Element, die Null.

5. Zu jedem Element aus Z gibt es ein unmittelbar folgendes Element.

6. Jeder echte Abschnitt von Z besitzt ein letztes Element.

Dabei verstehen wir unter einem Abschnitt von Z jede Teilmenge von Z, die mit irgendeinem Element auch jedes kleinere enthält, und unter einem echten Abschnitt einen solchen, der weder leer noch die volle Menge Z ist.

Die natürlichen Zahlen bilden eine geordnete Menge Z mit den drei Eigenschaften 4., 5., 6. Das ist eine der möglichen Definitionen der natürlichen Zahlen.

Endlich heißt eine Menge, die auf einen echten Abschnitt der natürlichen Zahlenreihe umkehrbar eindeutig abbildbar ist.

B. Sätze über die natürlichen Zahlen

1. Satz vom kleinsten Element: *Jede nicht leere Menge von natürlichen Zahlen hat ein kleinstes Element.*

2. Prinzip der vollständigen Induktion: *Ist eine Behauptung für die Zahl 0 richtig und folgt aus ihrer Richtigkeit für alle natürlichen Zahlen n' mit $n' \leqq n$ (oder auch nur für n) ihre Richtigkeit für die auf n unmittelbar folgende Zahl, so ist die Behauptung für jede natürliche Zahl richtig.*

3. Anzahlsatz: *Verschiedene Abschnitte der natürlichen Zahlenreihe haben verschiedene Anzahlen, d. h. es lassen sich ihre Elemente auch außer der Reihenfolge nicht gegenseitig eindeutig zuordnen.*

4. Dirichletsches Schubfächerprinzip: *Verteilt man n Dinge auf m Klassen und ist $m < n$, so kommen in irgendeiner Klasse mindestens zwei Dinge vor.*

C. Die negativen Zahlen

Zur Einführung der negativen Zahlen wird der natürliche Ordnungstypus, den wir auch in der Form $+0, +1, +2, \ldots$ schreiben, ergänzt zum symmetrischen Ordnungstypus

$$\cdots -3, -2, -1, \pm 0, +1, +2, +3, \ldots .$$

Die Elemente $-m$, wo m eine natürliche Zahl ist, sind voneinander und von den alten Elementen verschieden, abgesehen von $-0 = +0$. Die Gesamtheit der alten und neuen Elemente, die Gesamtheit der ganzen Zahlen, wird geordnet durch

$$-n < -m < -0 = +0 < +m < +n$$

für alle natürlichen Zahlen m, n mit $0 < m < n$, wodurch eben der symmetrische Ordnungstypus entsteht. Die Forderungen, die man an eine geordnete Menge stellt, sind erfüllt.

Diese so geordnete Menge Γ der ganzen Zahlen besitzt folgende kennzeichnende Eigenschaften:

1. Jedes Element hat ein unmittelbar vorangehendes und ein unmittelbar folgendes Element.

2. Jeder echte Abschnitt besitzt ein letztes, jeder echte Rest ein erstes Element.

Dabei verstehen wir unter Rest jede Teilmenge von Γ, die mit irgendeinem Element auch jedes größere enthält, und unter einem echten Rest einen solchen, der weder leer noch gleich Γ ist.

Man nennt jetzt eine ganze Zahl $a > 0$ positiv, ein $a < 0$ negativ und bezeichnet als absoluten Betrag $|a|$ die natürliche Zahl n, für die $a = +n$ oder $a = -n$ ist.

D. Der Ring der ganzen Zahlen

In der geordneten Menge Γ der ganzen Zahlen lassen sich in bekannter Weise zwei Verknüpfungsarten definieren, Addition und Multiplikation, die gewissen Gesetzen genügen. Die Menge Γ wird damit zu einem sogenannten Ring. Wir geben gleich die Definition des allgemeinen Ringes:

Ein **Ring** ist eine Menge R von mindestens zwei unterschiedenen Elementen, für die zwei Verknüpfungsarten definiert sind. Jedem geordneten Elementepaar a, b aus R ist durch die erste Verknüpfung ein Element c und durch die zweite Verknüpfung ein Element d aus R zugeordnet. Die erste Verknüpfung nennen wir Addition und schreiben $a + b = c$ und die zweite Verknüpfung Multiplikation, $a \cdot b = d$.

Von diesen beiden Verknüpfungen wird verlangt, daß sie für beliebige Elemente aus R folgenden Gesetzen genügen:

1. $a + b = b + a$, 2. $ab = ba$ (*Kommutativgesetze*);
3. $(a + b) + c = a + (b + c)$,
4. $(ab)c = a(bc)$ (*Assoziativgesetze*);
5. $(a + b)c = ac + bc$ (*Distributivgesetz*).
6. *Zu jedem geordneten Elementepaar a, b aus R existiert ein eindeutig bestimmtes Element c aus R, so daß $a + c = b$ ist* (*Gesetz der unbeschränkten und eindeutigen Substraktion*).

Aus diesen Gesetzen können die bekannten Regeln des Buchstabenrechnens hergeleitet werden, ohne daß den auftretenden Zeichen eine inhaltliche Bedeutung beigelegt wird.

Außer dem Ring Γ treten im Folgenden noch weitere Ringe auf. Vgl. S. 39 und S. 49.

Man spricht auch von einem Ring, wenn die Gültigkeit des Kommutativgesetzes der Multiplikation nicht gefordert wird. Den hier definierten Ring nennt man dann kommutativen Ring.

E. Monotoniegesetze

Für die ganzen Zahlen gelten noch folgende Gesetze:

1. Es ist $a + c < b + c$, wenn $a < b$ ist (Monotoniegesetz der Addition).

2. Es ist $ac < bc$, wenn $a < b$ und $c > 0$ ist (Monotoniegesetz der Multiplikation).

Insbesondere gilt $ab > 0$, wenn $a > 0$ und $b > 0$ ist. Allgemein gilt $ab \neq 0$, wenn $a \neq 0$ und $b \neq 0$ ist. In Γ ist ein Produkt von zwei Faktoren dann und nur dann gleich Null, wenn mindestens ein Faktor gleich Null ist. Daraus folgt sofort die

Eindeutigkeit der Division: *Aus $ab = ab'$ und $a \neq 0$ folgt $b = b'$.* Anders formuliert: Die Gleichung $ax = c$ besitzt für $a \neq 0$ höchstens eine Lösung.

Ist für $a \neq 0$ die Gleichung $ax = c$ in Γ lösbar, so liegt eine Besonderheit vor, die uns ausführlich beschäftigen wird. Wir sagen dann, daß c durch a teilbar ist.

Einen Ring, in dem ein Produkt von zwei Elementen nur dann gleich 0 ist, wenn mindestens ein Faktor gleich 0 ist, bezeichnet man als „Ring ohne Nullteiler". In ihm ist die Gleichung $ax = c$ bei $a \neq 0$ auf höchstens eine Weise lösbar. Denn aus $ax = ax'$ folgt $a(x - x') = 0$ und wegen der Nullteilerfreiheit $x - x' = 0$. Gibt es außerdem in dem Ring ein „Einselement" e, so daß $ae = a$ für alle Elemente a des Ringes ist, so bezeichnet man den Ring als **Integritätsbereich.** Der Ring Γ der ganzen Zahlen ist Integritätsbereich.

§ 2. Teilbarkeit, Primzahlen, Fundamentalsatz

Wir wenden uns jetzt der Teilbarkeitslehre im Integritätsbereich Γ zu. Alle vorkommenden kleinen lateinischen Buchstaben sollen Zahlen aus Γ bedeuten. Wir nennen die Zahl a durch b teilbar oder ein Vielfaches von b, wenn die Gleichung $a = b\,x$ lösbar ist. Zugleich heißt b ein Teiler von a oder eine in a aufgehende Zahl. Daß b ein Teiler von a ist, bezeichnen wir durch $b \mid a$; das Gegenteil bezeichnen wir durch $b \nmid a$. Für die Teilbarkeit gelten folgende Beziehungen, die unmittelbar aus ihrer Definition und den Eigenschaften von Γ folgen:

$\pm a \mid a,\ \pm 1 \mid a,\ a \mid 0$ für jedes a,
$0 \mid a$ nur für $a = 0$, $a \mid \pm 1$ nur für $a = \pm 1$,
aus $c \mid b$ und $b \mid a$ folgt $c \mid a$,
aus $b_1 \mid a_1,\ b_2 \mid a_2$ folgt $b_1 b_2 \mid a_1 a_2$,
aus $cb \mid ca$ folgt $b \mid a$, wenn $c \neq 0$,
aus $b \mid a_1,\ b \mid a_2$ folgt $b \mid m a_1 + n a_2$ für beliebige m, n,
aus $b \mid a$ und $a \mid b$ folgt $b = \pm a$.

Jedes a hat die *trivialen Teiler* $\pm 1, \pm a$. Gilt $t \mid a$, so nennt man t einen *wesentlichen Teiler* von a, wenn $t \neq \pm 1$ ist, und einen *echten Teiler* von a, wenn $t \neq \pm a$ ist. Besteht für $a \neq 0$ die Gleichung $a = b\,c$, also auch die Gleichung $|a| = |b|\,|c|$, so folgt $|b| \leqq |a|$. Jedes $a \neq 0$ hat also nur endlich viele Teiler. Es gibt Zahlen, die nur triviale Teiler besitzen: $\pm 1, \pm 2, \pm 3, \pm 5, \ldots$. Da für jedes a aus Γ eine der beiden Zahlen $\pm a$ eine natürliche Zahl ist und mit $b \mid a$ auch $-b \mid a$ gilt, beschränken wir uns öfters für Teiler und Vielfache auf den Bereich der natürlichen Zahlen.

Wir stellen uns die Aufgabe, für eine gegebene natürliche Zahl $n > 1$ eine Darstellung als Produkt von möglichst vielen Faktoren, die alle größer als eins sind, aufzusuchen. Zu diesem Zweck teilen wir die natürlichen Zahlen $n > 1$ ein:

Eine natürliche Zahl p heißt **Primzahl**, *wenn $p > 1$ ist und nur triviale Teiler besitzt.*

Die übrigen natürlichen Zahlen $n > 1$ heißen zusammengesetzte oder zerlegbare Zahlen.

Satz 1: *Jede natürliche Zahl $a > 1$ besitzt mindestens einen Primteiler.*

Beweis: Die Menge aller natürlichen Teiler $t > 1$ von a ist nicht leer, denn $a \mid a$. In ihr gibt es ein kleinstes Element q. Gilt nun $p \mid q$, so folgt $p \mid a$. Da q der kleinste wesentliche Teiler von a ist, folgt $p = q$, wenn $p > 1$ ist. Also ist q ein Primteiler von a.

Die Menge der Primzahlen ist entweder endlich, d. h. auf einen echten Abschnitt der natürlichen Zahlenreihe abbildbar oder sie ist unendlich und auf die ganze natürliche Zahlenreihe abbildbar. Wir beweisen mit Euklid

Satz 2: *Es gibt unendlich viele Primzahlen.*

Beweis: Ist q eine Primzahl, in der mit 2, 3, 5, 7 beginnenden natürlichen Reihenfolge etwa die n-te, $q = p_n$, so bilde man das Produkt $P = p_1 p_2 \ldots p_n$ der ersten n Primzahlen bis q. Der kleinste wesentliche Teiler r von $P + 1$ ist dann eine neue Primzahl $> q$. Denn r ist Primteiler von $P + 1$, und alle Primzahlen $p_1, p_2, \ldots, p_n = q$ gehen in P, aber, weil sie größer als 1 sind, nicht in $P + 1$ auf und sind daher von r verschieden. Also haben wir in r eine Primzahl $> q$, und daraus folgt die Existenz einer unmittelbar auf q folgenden Primzahl. (Das ist nicht notwendig r.)

Die Bedeutung der Primzahlen für den multiplikativen Aufbau der natürlichen Zahlen zeigt der Satz von der eindeutigen Primzerlegung, der **Fundamentalsatz der elementaren Zahlentheorie.**

Satz 3: *Jede natürliche Zahl $a \geqq 1$ ist als Produkt von s Primzahlen darstellbar:*

$$a = p_1 \, p_2 \cdots p_s \qquad (s \geqq 0). \tag{1}$$

Die Darstellung ist, abgesehen von der Reihenfolge der Faktoren, eindeutig.

Dabei verstehen wir unter dem Produkt aus *einer* Primzahl diese Primzahl selbst und unter dem Produkt aus 0 Faktoren die Zahl 1.

Beweis: Die Aussagen der Existenz und der Eindeutigkeit sind für $a = 1$ richtig. Wir setzen voraus, daß beide Aussagen für alle a', wo $1 \leqq a' < a$ ist, zutreffen.

Die *Existenz* einer Zerlegung in Primfaktoren folgt nun für jedes $a \geqq 2$ daraus, daß a einen kleinsten Primteiler besitzt. Entweder ist $a = p$ selbst Primzahl, womit eine Zerlegung gegeben ist, oder es besitzt eine Zerlegung $a = p_1 a'$ mit dem kleinsten Primteiler p_1 von a und $a' < a$. Nach Induktionsvoraussetzung besitzt a' eine Primzerlegung und damit auch a.

Dieser Beweis liefert zugleich ein bestimmtes Verfahren, eine Zerlegung für a zu gewinnen. Man spaltet vom übrigbleibenden Faktor a' wieder den kleinsten Primteiler p_2 ab, $a' = p_2 a''$, und wiederholt dieses Verfahren, bis nur noch ein Primfaktor übrigbleibt. So erhält man eine bestimmte Zerlegung $a = p_1 p_2 \ldots p_s$, und zwar ist $p_1 \leqq p_2 \leqq \cdots \leqq p_s$. Denn hätte in einer Teilzerlegung $a = p_1 \ldots p_e f$ der Restfaktor f einen Primteiler $p < p_e$, so wäre auch $p \mid p_e f$ und somit p_e nicht der kleinste Teiler von $p_e f$. Man braucht also für die Zerlegung von f nur Primzahlen $p \geqq p_e$ daraufhin zu untersuchen, ob sie in f aufgehen. Es genügen solche, deren Quadrat f nicht übersteigt; denn soll $f = p\,h$ zerlegbar sein, und ist $p^2 > f$, so ist h ein Teiler von f mit der Eigenschaft $h < p$. Faßt man in dieser Zerlegung gleiche Primzahlen zu Potenzen zusammen, so erhält man die *kanonische Zerlegung von* a:

(2) $$a = p_1^{a_1}\ p_2^{a_2} \ldots p_r^{a_r}$$

mit $p_1 < p_2 < \cdots < p_r$ und positiven Exponenten. — Diese Zerlegung nach aufsteigenden Primfaktoren besagt aber noch nicht die Eindeutigkeit der Zerlegung (1) überhaupt.

Wir beweisen jetzt die *Eindeutigkeit* der Primzerlegung für jedes $a \geqq 2$ nach Zermelo. Die Eindeutigkeit der Primzerlegung sei für alle positiven Zahlen $< a$ bewiesen, und es sei q der kleinste Primteiler von a. Wir zeigen, daß q in jeder Zerlegung von a als Faktor vorkommt. Sie $a = mn$ eine Zerlegung in zwei Faktoren, bei der $m > 1$ und $q \nmid m$ gilt. Dann hat m einen Primteiler $> q$, so daß $m > q$ ist. Also ist

(3) $$0 < (m - q)\, n = a - qn < a.$$

Danach ist $a' = (m - q)\, n$ eindeutig zerlegbar und wegen $q \mid a = mn$ durch q teilbar. Aus $q \nmid m$ folgt aber $q \nmid (m - q)$. Aus der Eindeutigkeit der Primzerlegung von a' folgt also $q \mid n$. Daraus schließt man, daß q in jeder Zerlegung von a als Faktor vorkommt, daß also jede Zerlegung die Form $a = cq$ hat. Da $c < a$ ist, ist c und folglich auch a eindeutig in Primfaktoren zerlegbar.

Der Fundamentalsatz gibt uns Aufschluß über sämtliche Teiler einer Zahl a, wenn ihre Primzerlegung (2) bekannt ist. Alle Zahlen

$$m = p_1^{c_1}\; p_2^{c_2} \ldots p_r^{c_r} \text{ mit } 0 \leqq c_i \leqq a_i \tag{4}$$

und nur diese sind Teiler von a. Daß diese m Teiler von a sind, ist klar. Daß andere Primteiler als $p_1, \ldots, p_r$ in der Zerlegung eines Teilers t von a nicht vorkommen, folgt aus dem Fundamentalsatz. Und schließlich treten in der Zerlegung eines Teilers t keine Exponenten $c_i > a_i$ auf; denn sonst hätten wir etwa

$$p_1^{a_1+1} \mid t \mid a \text{ und damit } a = p_1^{a_1+1} v;$$

daraus würde der Widerspruch $p_1 \mid p_2^{a_2} \ldots p_r^{a_r}$ folgen. Die Anzahl aller Teiler von a einschließlich a und 1 ist daher

$$\tau(a) = (a_1 + 1)\,(a_2 + 1) \ldots (a_r + 1), \tag{5}$$

dem Produkt der Zahlen, die angeben, wieviel Möglichkeiten für das einzelne c_i bestehen.

§ 3. Größter gemeinsamer Teiler, kleinstes gemeinsames Vielfaches

Wir fragen jetzt nach den natürlichen Zahlen, die zugleich Teiler von zwei positiven Zahlen a und b sind. Die verschiedenen Primzahlen, die entweder Teiler von a oder von b sind, seien $p_1, p_2, \ldots, p_r$. Dann lassen sich a und b eindeutig in folgender Form schreiben:

$$\begin{aligned} a &= p_1^{\alpha_1}\; p_2^{\alpha_2} \ldots p_r^{\alpha_r}, \\ b &= p_1^{\beta_1}\; p_2^{\beta_2} \ldots p_r^{\beta_r}. \end{aligned} \tag{6}$$

Hier sind die α_i und β_i natürliche Zahlen, die gleich 0 sind, wenn p_i in der Zerlegung von a oder b nicht vorkommt. Damit eine Zahl t zugleich die Zahlen a und b teilt, ist nach (4) notwendig und hinreichend, daß t die Form

$$t = p_1^{t_1} \; p_2^{t_2} \cdots p_r^{t_r}$$

hat, wo gleichzeitig $0 \leqq t_i \leqq \alpha_i$ und $0 \leqq t_i \leqq \beta_i$ erfüllt sind. Die größte unter diesen Zahlen t hat die Exponenten $t_i = \min\,(\alpha_i, \beta_i)$; sie ist ein Vielfaches jedes gemeinsamen Teilers von a und b. Damit gilt

Satz 4: *Zu zwei positiven Zahlen a und b gibt es eine und nur eine positive Zahl d mit den beiden Eigenschaften: 1. $d|a$, $d|b$, 2. aus $t|a$, $t|b$ folgt $t|d$ und umgekehrt. Sie ist der größte gemeinsame Teiler der Zahlen a und b und wird mit $d = (a, b)$ bezeichnet.*

Aus diesen beiden Eigenschaften folgt schon, ohne daß die Primzerlegung herangezogen wird, die eindeutige Bestimmtheit von d. Denn wenn d' auch 1. und 2. erfüllt, folgt $d'|d$ und $d|d'$, also $d' = d$.

Der gr. g. T. von mehr als zwei positiven Zahlen, auch von unendlich vielen, wird entsprechend definiert und bezeichnet: $d = (a_1, a_2, \ldots, a_n)$.

Ergänzend definieren wir $(a_1, a_2, \ldots, a_n)$ für den Fall, daß ein $a_i = 0$ ist. Man streiche alle $a_i = 0$ und bilde den gr. g. T. für die übrigen Zahlen, falls es solche gibt; sonst wird $(a_1, a_2, \ldots, a_n) = 0$ gesetzt. Auch für diese Ergänzungen treffen 1. und 2. zu. Dagegen ist $(0, 0, \ldots, 0)$ nicht mehr der gr. g. T. im Sinne der Anordnung.

Die Frage nach den gemeinsamen positiven Vielfachen zweier positiven Zahlen a und b ist in analoger Weise zu beantworten. Schreiben wir wieder a und b in der Form (6), so hat eine Zahl $v > 0$, die zugleich Vielfaches von a und b ist, offensichtlich die Gestalt

$$v = p_1^{v_1} \; p_2^{v_2} \ldots p_r^{v_r},$$

wo die v_i gleichzeitig $v_i \geqq \alpha_i$, $v_i \geqq \beta_i$ erfüllen. Das kleinste derartige v hat die Exponenten $v_i = \max\,(\alpha_i, \beta_i)$ und ist ein Teiler aller gemeinsamen Vielfachen von a und b. Damit gilt

Satz 5: *Zu zwei positiven Zahlen a und b gibt es eine und nur eine positive Zahl e mit den beiden Eigenschaften: 1. $a|e$, $b|e$, 2. aus $a|v$, $b|v$ folgt $e|v$ und umgekehrt. Sie ist das kleinste gemeinsame Vielfache der Zahlen a, b und wird mit $[a, b]$ bezeichnet.*

Durch die Eigenschaften 1. und 2. ist e eindeutig festgelegt.

Das kl. g. V. von mehr als zwei, aber endlich vielen Zahlen wird entsprechend definiert. Ergänzend: $[a_1, \ldots, a_n] = 0$, wenn ein $a_i = 0$.

Für beliebige ganze a_i sollen das kl. g. V. und der gr. g. T. eingeführt werden durch die Forderung, daß sie sich nicht ändern, wenn ein a_i durch $-a_i$ ersetzt wird. Im übrigen werden als gemeinsame Vielfache und Teiler nur die natürlichen betrachtet.

Aus den Definitionen des gr. g. T. und kl. g. V. ergeben sich ohne Schwierigkeiten folgende *Rechenregeln* bei beliebigen ganzen a_i und t:

$(a_1, \ldots, a_n)$ und $[a_1, \ldots, a_n]$ sind unabhängig von der Reihenfolge der a_i,

$(a_1, \ldots, a_n) = (a_1, (a_2, \ldots, a_n))$, $[a_1, \ldots, a_n] = [a_1, [a_2, \ldots, a_n]]$,
$(ta_1, \ldots, ta_n) = |t| (a_1, \ldots, a_n)$, $[ta_1, \ldots, ta_n] = |t| [a_1, \ldots, a_n]$,
$(a_0, a_1, \ldots, a_n) \mid (a_1, \ldots, a_n)$, $[a_1, \ldots, a_n] \mid [a_0, a_1, \ldots, a_n]$,
$[1, a_1, \ldots, a_n] = [a_1, \ldots, a_n]$, $(1, a_1, \ldots, a_n) = 1$.

Diese Regeln sind für die Bestimmung des gr. g. T. und kl. g. V. in konkreten Fällen oft von Nutzen.

Zwischen dem kl. g. V. und dem gr. g. T. zweier natürlicher Zahlen besteht die Beziehung

$$ab = (a, b)\,[a, b],$$

durch welche die Bestimmung des kl. g. V. auf die Bestimmung des gr. g. T. zurückgeführt wird. Sie ist enthalten in dem

Satz 6: Für $A = a_1 q_1 = a_2 q_2 = \cdots = a_n q_n \geqq 0$ *gilt* $A = (a_1, \ldots, a_n)\,[q_1, \ldots, q_n]$.

Beweis: Für $A = 0$ folgt die Behauptung unmittelbar aus unseren Definitionen. Für $A > 0$ schreiben wir unter Verwendung des Produktzeichens

$$A = \prod_{\nu=1}^{r} p_\nu^{\alpha_\nu}, \quad a_i = \prod_{\nu=1}^{r} p_\nu^{\alpha_{i\nu}}, \quad q_i = \prod_{\nu=1}^{r} p_\nu^{\alpha_\nu - \alpha_{i\nu}}.$$

Dann ist

$$(a_1, \ldots, a_n) = \prod p_\nu^{\delta_\nu}, \delta_\nu = \min(\alpha_{1\nu}, \ldots, \alpha_{n\nu}),$$

$$[q_1, \ldots, q_n] = \prod p_\nu^{\varepsilon_\nu}, \varepsilon_\nu = \max(\alpha_\nu - \alpha_{1\nu}, \ldots, \alpha_\nu - \alpha_{n\nu}).$$

Wegen $\max(\alpha_\nu - \alpha_{1\nu}, \ldots, \alpha_\nu - \alpha_{n\nu}) = \alpha_\nu - \min(\alpha_{1\nu}, \ldots, \alpha_{n\nu})$ ist $\delta_\nu + \varepsilon_\nu = \alpha_\nu$, womit die Behauptung bewiesen ist.

Für $n = 2$ und $a_1 = q_2 = a, a_2 = q_1 = b$ ist das $(a, b)[a, b] = ab$. Für $n = 3$ lautet die entsprechende Regel $a\,b\,c = (a, b, c)[b\,c, a\,c, a\,b]$.

Wenn zwei Zahlen a und b keinen anderen gemeinsamen Teiler als 1 besitzen, wenn also $(a, b) = 1$ ist, nennt man a und b „teilerfremd", „relativ prim" oder „prim zueinander". Auch n Zahlen heißen teilerfremd, wenn $(a_1, \ldots, a_n) = 1$ ist, dagegen „paarweise teilerfremd", wenn je zwei der Zahlen $a_1, \ldots, a_n$ teilerfremd sind, was schon für $n = 3$ mehr bedeutet. Z. B. ist $(481, 629, 663) = 1$, aber $(481, 629) = 37$, $(481, 663) = 13$, $(629, 663) = 17$.

Ein Kriterium für Teilerfremdheit und paarweise Teilerfremdheit haben wir in

Satz 7: *Die Zahlen $a_1, a_2, \ldots$ sind dann und nur dann teilerfremd, wenn sie keinen gemeinsamen Primteiler haben. Sie sind dann und nur dann paarweise teilerfremd, wenn die Primteiler von $a_1, a_2 \ldots$ lauter verschiedene Primzahlen sind.*

Der Beweis dieses Satzes und der gleich folgenden Sätze ergibt sich unmittelbar aus der Darstellung (4) der Teiler einer Zahl.

Wenn eine Primzahl $p \mid bc$ und $p \nmid b$, dann $p \mid c$.

Allgemeiner: *Wenn $a \mid bc$ und $(a, b) = 1$, dann $a \mid c$.*

Aus $(a, b) = (a, c) = 1$ folgt $(a, bc) = 1$ und umgekehrt.

Aus $(a_1 a_2 \ldots a_m, b_1 b_2 \ldots b_n) = 1$ *folgt* $(a_i, b_k) = 1$ *für alle* i, k *und umgekehrt.*

Ein weiteres Kriterium für die paarweise Teilerfremdheit der positiven Zahlen $a_1, a_2, \ldots, a_n$ gibt

Satz 8: *Es ist* $(a_j, a_k) = 1$ *für* $j \neq k$ *dann und nur dann' wenn* $[a_1, \ldots, a_n] = a_1 a_2 \ldots a_n$.

Ist nämlich wieder $a_j = \prod_{\nu=1}^{r} p_\nu^{\alpha_{j\nu}}$, so ist $[a_1, \ldots, a_n] = \prod_{\nu=1}^{r} p_\nu^{\varepsilon_\nu}$ mit $\varepsilon_\nu = \max(\alpha_{1\nu}, \ldots, \alpha_{n\nu})$ und $a_1 a_2 \ldots a_n = \prod_{\nu=1}^{r} p_\nu^{\sigma_\nu}$ mit $\sigma_\nu = \sum_{j=1}^{n} \alpha_{j\nu}$. Ist zunächst $(a_j, a_k) = 1$, so gibt es zu jedem ν genau ein $\alpha_{i\nu} > 0$. Mit diesem i ist $\varepsilon_\nu = \alpha_{i\nu}$. Dann ist auch $\sigma_\nu = \alpha_{i\nu}$, also $[a_1, \ldots, a_n] = a_1 a_2 \ldots a_n$. Gilt umgekehrt diese Gleichung, so folgt: $\sigma_\nu = \varepsilon_\nu$ oder $\sum_{j=1}^{n} \alpha_{j\nu} = \max(\alpha_{1\nu}, \ldots, \alpha_{r\nu})$. Es ist also für jedes ν genau ein $\alpha_{j\nu} > 0$, und damit ist $(a_j, a_k) = 1$ für $j \neq k$.

Aus der Rechenregel $(ta_1, \ldots, ta_n) = |t| (a_1, \ldots, a_n)$ folgt: Ein gemeinsamer Teiler ∂ der nicht sämtlich verschwindenden Zahlen $a_1, \ldots, a_n$ mit $a_i = \partial a_i'$ ist genau dann der größte, wenn $(a_1', \ldots, a_n') = 1$.

§ 4. Division mit Rest, Moduln

Es sei $m \geqq 0$ und $n \geqq 1$. Dann läßt sich eine „Division mit Rest" von m durch n auf die folgende Weise einführen: Es gibt eine größte Zahl q, für die $nq \leqq m$ ist; denn es ist $n \cdot 0 \leqq m < n(m+1)$. Die natürlichen x, die Lösungen von $nx \leqq m$ sind, besitzen ein größtes Element q. Es ist $q = 0$, wenn $m < n$, sonst positiv. Setzt man nun $m = nq + r$, so nennt man diese durch m und n bestimmte Darstellung eine Division mit Rest. Dabei ist nach Definition von q der „Rest" $r = m - nq \geqq 0$, und zwar ist $r = 0$ genau dann, wenn $n \mid m$. Andererseits ist $r < n$; denn sonst wäre noch $n(q+1) \leqq m$, gegen die Voraussetzung.

Satz 9: *Zu je zwei Zahlen* $m \geqq 0$ *und* $n \geqq 1$ *gibt es genau eine Darstellung*

(7) $$m = nq + r \text{ mit } 0 \leqq r < n.$$

q heißt der Quotient, r der Rest der Division von m durch n.

Die Möglichkeit der Darstellung (7) wurde eben gezeigt. Die Eindeutigkeit ist unmittelbar einzusehen.

Man nennt den Quotienten q auch das „Ganze von m durch n" und schreibt $q = \left[\frac{m}{n}\right]$ oder $q = [m : n]$.

Der Satz von der Division mit Rest liegt der Darstellung einer natürlichen Zahl m im n-adischen System ($n > 1$) zugrunde. Man bestimme die höchste Potenz $n^k \leqq m$ und führe die Division von m durch n^k mit Rest aus:

$$m = a_k n^k + r_k, \; 1 \leqq a_k < n, \; 0 \leqq r_k < n^k.$$

Wiederholte Anwendungen führen schließlich zu

(8) $$m = a_k n^k + a_{k-1} n^{k-1} + \cdots + a_1 n + a_0; \; 0 \leqq a_i < n; \; 0 < a_k.$$

Unter Restdivision eines m durch ein $n \geqq 1$ wird neben der Darstellung mit „kleinstem nicht-negativem Rest"

$$m = n\left[\frac{m}{n}\right] + r \text{ mit } 0 \leqq r < n$$

auch die Darstellung mit „kleinstem Absolutrest"

(9) $$m = nv + w \text{ mit } -\frac{n}{2} < w \leqq \frac{n}{2}$$

verstanden, z. B. $8 = 6 \cdot 1 + 2$, $9 = 6 \cdot 1 + 3$, $10 = 6 \cdot 2 - 2$.

Ein im folgenden viel gebrauchter Begriff ist der **„Modul"**. Der allgemeine Modul ist eine Menge, in der eine assoziative und kommutative Addition definiert und die Subtraktion ungeschränkt möglich ist. Ein Modul ganzer Zahlen ist eine Teilmenge von Γ, in der die Addition wie üblich erklärt ist und zu der mit zwei Zahlen a, b auch die Zahl $a - b$ gehört. Dann gehören zur Teilmenge auch die Zahlen $a - a = 0$, $0 - b = -b$, $a - (-b) = a + b$ und mit einer Zahl auch ihre Vielfachen. Die Vielfachen einer Zahl m bilden einen Modul $(m) = (-m)$. Wir zeigen, daß es in Γ keine weiteren Moduln gibt.

Satz 10: *Jeder Modul ganzer Zahlen besteht aus den Vielfachen einer einzigen Zahl.*

Beweis: Enthält der Modul nur die Zahl 0, so ist der Satz trivial. Sei nun $a \neq 0$ eine Zahl aus dem Modul M, die gleich als positiv vorausgesetzt sei. Die nicht leere Menge der positiven Zahlen aus M besitzt ein kleinstes Element m. Nun dividiere man

$$a = mv + r \text{ mit } 0 \leqq r < m.$$

Da a, m, mv in M liegen, liegt auch $a - mv = r$ in M. Also kann wegen $r < m$ nicht $r > 0$ sein, da m die kleinste positive Zahl in M ist. Daher ist $r = 0$, d. h. $a = mv$ ein Vielfaches von m.

Sind n ganze Zahlen $a_1, \ldots, a_n$ gegeben, so heißt a *Vielfachsumme* der a_i, wenn sich a in der Form

$$a = a_1 x_1 + a_2 x_2 + \cdots + a_n x_n \tag{10}$$

mit ganzen $x_1, \ldots, x_n$ darstellen läßt.

Satz 11: *Die Gesamtheit der Vielfachsummen der a_i bildet einen Modul. Jeder gemeinsame Teiler der Zahlen $a_1, \ldots, a_n$ ist Teiler jeder ihrer Vielfachsummen und umgekehrt.*

Denn mit $\Sigma a_i x_i$ und $\Sigma a_i y_i$ ist auch $\Sigma a_i x_i - \Sigma a_i y_i = \Sigma a_i (x_i - y_i)$ Vielfachsumme der a_i. Und ist $t | a_i$, $a_i = tc_i$, so ist $\Sigma a_i x_i = t \Sigma c_i x_i$.

Umgekehrt ist ein gemeinsamer Teiler aller $\Sigma a_i x_i$ auch Teiler aller a_i, da die a_i selbst Vielfachsummen sind:

$$a_i = \sum_{j=1}^{n} a_j e_{ij} \text{ mit } e_{ij} = 0 \text{ für } i \neq j,\ e_{ii} = 1. \tag{11}$$

Ist eine unendliche Folge $a_1, \cdots, a_n, \cdots$ gegeben, so sind die Vielfachsummen der a_n natürlich Summen nur je endlich vieler dieser a_n. Eine einzelne Vielfachsumme läßt sich also in der Form

$$v = a_1 x_1 + \cdots + a_r x_r$$

mit einem von v abhängigen r schreiben. Auch jetzt bilden die Vielfachsummen einen Modul und sind daher Vielfache der kleinsten positiven Vielfachsumme

$$s = a_1 z_1 + \cdots + a_m z_m,$$

also auch Vielfachsummen einer vom einzelnen v unabhängigen endlichen Teilmenge $a_1, \ldots, a_m$ der Zahlen a_n.

Die Division mit Rest führte eben zu einem Überblick über alle in Γ vorhandenen Moduln. Wir benutzen sie jetzt für einen neuen, von G. Klappauf stammenden Beweis der *Eindeutigkeit der Primzerlegung*:

Entweder ist jedes $m > 1$ eindeutig zerlegbar, oder es gibt ein kleinstes Element $m > 1$ mit zwei verschiedenen Zerlegungen

$$m = p_1 \dots p_s = q_1 \dots q_t.$$

Jedes p muß hier von jedem q verschieden sein; denn wäre etwa $p_1 = q_1$, so besäße bereits $\frac{m}{p_1} < m$ zwei verschiedene Zerlegungen. Sei nun q_1 die kleinste aller Primzahlen p_i, q_i, so führe man für alle p_1 bis p_s die Division mit q_1 aus und erhält so für ihr Produkt m eine Darstellung

$$m = (q_1 Q_1 + r_1)(q_1 Q_2 + r_2) \dots (q_1 Q_s + r_s) = q_1 Q + r,$$
$$0 \leqq r_i < q_1,$$

in der alle Glieder bis auf $r = r_1 r_2 \dots r_s$, zu $q_1 Q$ zusammengefaßt sind. Da $q_1 < p_i$ und $q_1 \nmid p_i$, sind alle Q_i, r_i positiv, und daher gilt $0 < r < m$. Nun ist $q_1 | r$; also gibt es eine Zerlegung von r, in der q_1 vorkommt. Andererseits ist $r = r_1 r_2 \dots r_s$ eine Zerlegung in Faktoren, die kleiner als q_1 sind; diese Zerlegung führt also zu einer Primzerlegung, in der q_1 nicht vorkommt. Das ist ein Widerspruch zu der Annahme, daß kein $r < m$ zwei verschiedene Primzerlegungen besitzt.

Aufgabe: Man bestätige die Rechenregeln $\left[\frac{[m:n]}{s}\right] = \left[\frac{m}{ns}\right]$ und $\left[\frac{m_1 + m_2}{n}\right] = \left[\frac{m_1}{n}\right] + \left[\frac{m_2}{n}\right] + \delta$ mit $\delta = 0$ oder $\delta = 1$. Wann gilt $\delta = 0$ und wann $\delta = 1$?

§ 5. Euklidischer Algorithmus

Wir haben zu n vorgegebenen positiven Zahlen $a_1, a_2, \dots, a_n$ unter Benutzung ihrer Primzerlegung eine Zahl $d > 0$ konstruiert, die folgende kennzeichnende Eigenschaften besitzt: 1. $d \mid a_i$, 2. aus $t \mid a_i$ für alle i folgt $t \mid d$. Wir werden jetzt zeigen, daß sich die Zahl d als Vielfachsumme der a_i darstellen läßt. Dazu werden wir die Primzerlegung gar nicht heranziehen. *Wir definieren jetzt die größten gem. Teiler d als den im Sinne der Anordnung größten gemeinsamen Teiler aller a_i.* Zunächst gibt es einen solchen, und zwar genau einen. Denn die Menge der gemeinsamen Teiler $t > 0$ der Zahlen $a_1, \ldots, a_n$ ist nicht leer, und sie ist beschränkt, $t \leqq a_i$. Nach Definition gilt 1. $d | a_i$; damit ist d auch Teiler jeder Vielfachsumme der a_i, insbesondere Teiler der kleinsten positiven Vielfachsumme s. Mit $d|s$ ist $d \leqq s$. Andererseits ist die Zahl s Teiler jeder Vielfachsumme der a_i; denn die Vielfachsummen bilden einen Modul, der aus den Vielfachen seines kleinsten positiven Elements besteht. Zu diesem Modul gehören auch die Zahlen a_i selbst; also ist $s | a_i$, und wegen der Maximalität von d ist $s \leqq d$. Im ganzen folgt also $d = s = a_1 x_1 + \cdots + a_n x_n$ bei passenden x_i. Aus dieser Gleichung ergibt sich dann noch die Eigenschaft 2.: aus $t \mid a_i$ folgt $t \mid d$.

Dieses neu definierte d stimmt mit dem früher konstruierten d überein. Das folgt daraus, daß auch für das neue d die Eigenschaften 1. und 2. gelten oder auch daraus, daß der zuerst definierte gr. g. T. zugleich der größte im Sinne der Anordnung ist.

Wir formulieren als Satz vom größten gemeinsamen Teiler:

Satz 12: *Der größte gemeinsame Teiler $d = (a_1, \ldots, a_n)$ der Zahlen $a_1, \ldots, a_n$ ist als Vielfachsumme von $a_1, \ldots, a_n$ darstellbar,*

$$d = a_1 x_1 + \cdots + a_n x_n, \tag{12}$$

und teilbar durch alle gemeinsamen Teiler. Er ist erzeugendes Element des Moduls der Vielfachsummen.

Auch für unendlich viele a_i behalten unsere jetzigen Überlegungen ihren Sinn.

Ferner betrachten wir die gemeinsamen Vielfachen der Zahlen a_i. Das Produkt der a_i ist ein gemeinsames Vielfaches, und es gibt ein im Sinne der Anordnung kleinstes positives gemeinsames Vielfaches e. Von diesem zeigen wir, wieder ohne die Primzerlegung der a_i zur Konstruktion von e heranzuziehen,

Satz 13: *Das kleinste gemeinsame Vielfache geht in allen gemeinsamen Vielfachen auf. Es ist erzeugendes Element des Moduls der gemeinsamen Vielfachen.*

Beweis: Mit zwei Zahlen ist auch ihre Differenz ein gemeinsames Vielfaches. Die gemeinsamen Vielfachen bilden also einen Modul, der aus den Vielfachen seiner kleinsten positiven Zahl, hier des kl. g. V. der Zahlen $a_1, \ldots, a_n$ besteht. Das jetzt definierte kl. g. V. ist, wie man sofort sieht, mit dem früher konstruierten identisch.

Auch die von uns auf S. 14 zusammengestellten Rechenregeln für die gr. g. T. und kl. g. V. sind von diesem Aufbau der Teilbarkeitslehre aus ohne Schwierigkeiten zu beweisen.

Wir stellen zwei Kriterien für das Bestehen der Gleichung $(a_1, \ldots, a_n) = (c_1, \ldots, c_m)$ einander gegenüber: Notwendig und hinreichend für $(a_1, \ldots, a_n) = (c_1, \ldots, c_m)$ ist

1. daß die Primzahlpotenzen, die in allen a_i aufgehen, auch in allen c_i aufgehen und umgekehrt, oder

2. daß die a_i und c_i dieselben Vielfachsummen haben.

Aus dem zweiten Kriterium, das eine unmittelbare Folge von Satz 12 ist, ergibt sich noch folgende wichtige Rechenregel:

Satz 14: *Für beliebige ganze Zahlen a_i und y_i ist*

$$(a_1, a_2, \ldots, a_n) = (a_1, a_2 - a_1 y_2, \ldots, a_n - a_1 y_n).$$

Beweis: Die rechts stehenden Zahlen sind als Vielfachsummen der links stehenden hingeschrieben, und die links stehenden Zahlen sind wegen $a_i = (a_i - a_1 y_i) + a_1 y_i$ für $i = 2, \ldots, n$ Vielfachsummen der rechts stehenden. Also stimmen die Vielfachsummen für beide Seiten überein.

Dieser Satz führt zu einem Verfahren, den gr. g. T. von n Zahlen $a_1, \ldots, a_n$ zu berechnen; für $n = 2$ ist es der Euklidische „Algorithmus".

Ist a_1 die kleinste der als positiv angenommenen Zahlen $a_1, \ldots, a_n$, deren gr. g. T. wir feststellen wollen, so dividiere man alle a_i durch a_1, am vorteilhaftesten mit kleinstem Absolutrest

$$a_i = a_1 q_i \pm r_i,\ 0 \leqq 2 r_i \leqq a_1.$$

Dann ist nach Satz 14

$$(a_1, a_2, \ldots, a_n) = (a_1, r_2, \ldots, r_n).$$

Hierbei sind $r_2, \ldots, r_n < a_1$, und ist dabei etwa r_2 die kleinste positive dieser Zahlen — eine solche gibt es, wenn nicht $a_1 | a_2, \ldots, a_n$ und damit $d = a_1$ ist — so verfahre man jetzt mit $r_2, \ldots, r_n, a_1$ wie vorher mit $a_1, a_2, \ldots a_n$, dividiere also alles durch r_2, lasse dabei aber die $r_i = 0$ wieder fort. Da die kleinste Klammerzahl bei jeder Division abnimmt und eine abnehmende Folge natürlicher Zahlen endlich ist, so muß das Verfahren abbrechen und mit einem Klammerpaar $(d, dt_2, \ldots, dt_k) = (d, 0, \ldots 0)$ enden.

Beispiele für $n = 2$.	Euklidischer Algorithmus.
(91, 133)	(89, 144)
	$144 = 89 \cdot 2 - 34$
$133 = 91 \cdot 1 + 42$	$89 = 34 \cdot 3 - 13$
$91 = 42 \cdot 2 + 7$	$34 = 13 \cdot 3 - 5$
$42 = 7 \cdot 6$	$13 = 5 \cdot 3 - 2$
	$5 = 2 \cdot 2 + 1$
	$2 = 1 \cdot 2.$

$(133, 91) = (91, 42) = (42, 7) = 7.$

$(144, 89) = (89, 34) = (34, 13) = (13, 5) = (5, 2) = (2, 1) = 1.$

Beispiel für $n = 3$: $(481, 629, 663) = (481, 148, 182) = (148, 34, 37) = (37, 3, 0) = 1$. Anders:

$(481, 629, 663) = (629, 34, 148) = (34, 17, 12) = (17, 5, 0) = 1.$

Wie die Durchführung der Rechnung zeigt, ist es bisweilen einfacher, statt des kleinsten bleibenden Restes einen solchen als Divisor für die nächste Division zu nehmen, der in der Nähe eines anderen Restes liegt. Auch wird man häufig die Rechenregel der paarweisen Bildung des gr. gem. T. verwenden, insbesondere wenn sich von einem Paar (a_1, a_2) aus $(a_1, a_2, \ldots, a_n)$ sofort der gr. gem. T. feststellen läßt. Ist dieser gar 1, so auch $(a_1, \ldots, a_n)$. Bei unübersichtlich großen Zahlen bringt jedoch die simultane Division durch eine Klammerzahl die Reste schneller auf niedrige Zahlen.

Der Algorithmus gibt auch ein Verfahren, den gr. gem. T. als Vielfachsumme darzustellen: Hat man

(13) $$(a_1, a_2, \ldots, a_n) = (a_1, r_2, \ldots, r_n) = \cdots = d,$$
$$a_i = a_1 q_i + r_i,$$
und bereits eine Darstellung

(14) $$d = a_1 y_1 + r_2 y_2 + \cdots + r_n y_n$$
gewonnen, so gilt gleichzeitig

(15) $$d = a_1 x_1 + a_2 x_2 + \cdots + a_n x_n$$
mit $x_1 = y_1 - q_2 y_2 - \ldots - q_n y_n$, $x_2, \ldots x_n = y_2, \ldots y_n$. Als Beispiel nehmen wir das obige für $n = 3$. Es ist
$$1 = 37 \cdot 1 - 3 \cdot 12 = 148 \cdot 0 + 34 \cdot 12 - 37 \cdot 11 = 148 \cdot 21 + 182 \cdot 12 - 481 \cdot 11 = 629 \cdot 21 + 663 \cdot 12 - 481 \cdot 44.$$

Bemerkung: Im Gegensatz zu den auf S. 22 ausgeführten Algorithmen müssen in (14) die Reste r_i immer mit dem Vorzeichen behaftet sein, das sie bei der Division in (13) erhalten; nur dann stimmt (15) mit $x_2 = y_2, \ldots$. Ferner ist für $(a_1, \ldots, a_n) = d \neq 1$, $a_i = d a'_i$, die Lösung der Aufgabe (15) gleichwertig mit der Lösung der einfacheren Aufgabe:
$$1 = a'_1 x_1 + \ldots + a'_n x_n.$$
(15) ist eine Diophantische Gleichung. Sie ist, wie wir gezeigt haben, lösbar, wenn $d = (a_1, \ldots, a_n)$ ist, und allgemein, wie man leicht sieht, genau dann, wenn d ein Multiplum von $(a_1 \ldots, a_n)$ ist.

Für $n = 2$ ergeben sich aus einer Lösung (15) alle durch $x_1 + k a_2$, $x_2 - k a_1$ mit beliebigem ganzen k. Auch für $n > 2$ gibt es unendlich viele Lösungen.

Aufgaben: Man bestimme für $d = (a_1, a_2, a_3)$ alle Lösungen von $d = a_1 z_1 + a_2 z_2 + a_3 z_3$.

Man zeige, daß im Euklidischen Algorithmus
$$(a_1, a_2) = (a_1, r) = (r, s)$$
für $a_1 < a_2$, sofern $a_1, a_2, r \neq 0$ ausfällt und man bei der Division immer den kleinsten Absolutrest wählt, bereits $s \leqq \frac{a_1}{5}$ wird, also die kleinere Klammerzahl nach dem zweiten Schritt höchstens noch den fünften Teil der ursprünglichen ergibt.

Für $(a_1, a_2, a_3) = (a_1, r_1, r_2) = (r_1, s_1, s_2)$ ist, falls keine Division aufgeht, sogar s_1 oder $s_2 \leqq \frac{a_1}{7}$.

§ 6. Klassischer Beweis des Fundamentalsatzes

Wir haben soeben unabhängig von der Primzerlegung gezeigt, daß es zu den Zahlen $a_1, \ldots, a_n$ eine Zahl d gibt, die ein Teiler aller a_i und ein Vielfaches aller gemeinsamen Teiler der a_i ist. Dies Ergebnis liefert uns den klassischen Beweis des Fundamentalsatzes. Wir beweisen zunächst den Satz der Teilerfremdheit,

Satz 15: *Ist* $(a, b) = (a, c) = 1$, *so auch* $(a, bc) = 1$.

Wegen $(a, bc) \mid ac$ und $(a, bc) \mid bc$ ist $(a, bc) \mid (ac, bc)$. Nun ist $(ac, bc) = (a, b)\, c = c$, also $(a, bc) \mid c$. Da zugleich $(a, bc) \mid a$, gilt $(a, bc) \mid (a, c)$; hier ist $(a, c) = 1$, also auch $(a, bc) = 1$.

Wiederholte Anwendung dieses Satzes ergibt:

$(a_1 a_2 \ldots a_m, c_1 \ldots c_n) = 1$, *wenn* $(a_i, c_k) = 1$ *für jedes Paar* i, k.

Ist $a \mid bc$, so ist zugleich $a \mid (ac, bc)$. Wegen $(ac, bc) = (a, b)\, c$ ist bei $(a, b) = 1$ die Zahl a ein Teiler von c. Also gilt:

Aus $(a, b) = 1$ *und* $a \mid bc$ *folgt* $a \mid c$.

Wir wenden diese Ergebnisse auf Primzahlen und ihre Potenzen an. Hier ist $(p, a) = 1$ oder p und für zwei verschiedene Primzahlen $(p, q) = 1$. Dann liefert Satz 15 den Hauptsatz:

Satz 16: *Geht die Primzahl p weder in m noch in n auf, so geht sie auch im Produkt $m\,n$ nicht auf. Positiv: Geht eine Primzahl p in einem Produkt $m\,n$ auf, so geht sie wenigstens in einem der Faktoren m, n auf.*

Daraus folgt durch wiederholte Anwendung: Potenzen p^r und q^s verschiedener Primzahlen sind teilerfremd. Ferner:

Satz 17: *Geht ein Primzahlpotenzprodukt $p_1^{a_1} \cdots p_r^{a_r}$ mit positivem a_i in einem andern $q_1^{c_1} \cdots q_s^{c_s}$ auf, so kommen alle Primfaktoren des ersten Produkts als Faktoren des zweiten Produkts vor, und zwar mit demselben oder einem höheren Exponenten.*

Kommt nämlich p_1 unter den $q_2, \ldots, q_s$ nicht vor, so ist $(p_1^{a_1}, q_2^{c_2} \cdots q_s^{c_s}) = 1$; wegen $p_1^{a_1} \mid q_1^{c_1} \cdots q_s^{c_s}$ ist dann $p_1^{a_1} \mid q_1^{c_1}$. Sind beide Produkte einander gleich, so gilt auch das Umgekehrte, und das ist der Inhalt des Fundamentalsatzes.

§ 7. Primzahlverteilung

Ein sehr altes und immer noch brauchbares Verfahren, eine Primzahltafel von 2 bis zu einer gegebenen Zahl n aufzustellen, ist das „Sieb des Eratosthenes“:

Es werden die Zahlen von 2 bis n aufgeschrieben, 2 bleibt als Primzahl stehen, und alle größeren geraden Zahlen werden als zusammengesetzt gestrichen; sodann bleibt von den ungeraden Zahlen 3 als Primzahl stehen, und alle größeren Vielfachen von 3, unter denen die geraden Vielfachen von 3 schon nicht mehr auftreten, werden jetzt gestrichen. Allgemein geht das Verfahren so: Sind durch die Aussiebung $2, 3, 5, \ldots, p$ als Primzahlen festgestellt und die größeren Vielfachen dieser Primzahlen gestrichen, so ist die erste auf p folgende stehengebliebene Zahl q die nächste Primzahl, da sie durch keine der Primzahlen $2, 3, \ldots, p$ teilbar ist. Zu streichen sind nun alle noch dastehenden größeren Vielfachen von q; das sind die Zahlen qm, für die $qm \leqq n$ mit $m > 1$ und $(m, 2 \cdot 3 \ldots p) = 1$ ist, als erste q^2. Denn geht eine der Primzahlen $2, 3, \ldots, p$ in m auf, so wurde qm schon früher gestrichen. Das Verfahren braucht nur so lange fortgesetzt zu werden, bis ein r mit $r^2 > n$ als Primzahl stehenbleibt. Alle Zahlen $\leqq n$, die dann noch nicht gestrichen worden sind, sind notwendig Primzahlen, und umgekehrt sind alle Primzahlen $\leqq n$ stehengeblieben.

Wir wollen hier eine Tafel der Primzahlen bis 300 aufstellen. Die Aussiebung sei schon für die Vielfachen von 2, 3, 5 durchgeführt; wir brauchen dann nur 2, 3, 5 und dazu die größeren, zu 30 teilerfremden Zahlen aufzuschreiben:

2 3 5 7	11	13	17	19	23	29	31	37	41	43	47	$\underline{49}$	53	59			
61	67	71	73	$\underline{77}$	79	83	89	$\underline{91}$	97	101	103	107	109	113	$\underline{119}$		
$\underset{\cdot\cdot}{121}$	127	131	$\underline{133}$	137	139	$\underset{\cdot\cdot}{143}$	149	151	157	$\underline{161}$	163	167	$\underset{\cdot\cdot\cdot}{169}$	173	179		
181	$\underset{\cdot\cdot}{187}$	191	193	197	199	$\underline{203}$	$\underset{\cdot\cdot}{209}$	211	$\underline{217}$	$\underset{\cdot\cdot\cdot}{221}$	223	227	229	233	329		
241	$\underset{\cdot\cdot\cdot}{247}$	251	$\underset{\cdot\cdot}{253}$	257	$\underline{259}$	263	269	271	277	281	283	$\underline{287}$	$\underset{\cdot\cdot\cdot\cdot}{289}$	293	$\underset{\cdot\cdot\cdot}{299}$		

Zuerst fallen die unterstrichenen Zahlen $7 \cdot 7$, $7 \cdot 11$, $7 \cdot 13$, $7 \cdot 17$, $7 \cdot 19$, $7 \cdot 23$, $7 \cdot 29$, $7 \cdot 31$, $7 \cdot 37$, $7 \cdot 41$ fort, sodann die mit zwei Punkten versehenen Zahlen $11 \cdot 11$, $11 \cdot 13$, $11 \cdot 17$, $11 \cdot 19$, $11 \cdot 23$, dann die mit drei Punkten versehenen Zahlen $13 \cdot 13$, $13 \cdot 17$, $13 \cdot 19$, $13 \cdot 23$ und zuletzt die mit vier Punkten versehene Zahl $17 \cdot 17$. Die übrigen Zahlen sind Primzahlen, da $19 \cdot 19 > 300$ ist.

Die Primzahltafel von D. N. Lehmer enthält alle Primzahlen bis 10000721.

In unserer Tabelle treten mit jeder Zahl a, wenn $a > 5$ ist, auch alle Zahlen $a + k \cdot 30$, $k \geqq 1$, auf. Denn, wenn $(a, 30) = 1$ ist, sind auch die $(a + k \cdot 30, 30) = 1$. Diese periodische Wiederkehr der zu $2 \cdot 3 \cdot 5$ teilerfremden Zahlen hat aber keine Periodizität in der Primzahlreihe zur Folge, da bei ihrer Fortsetzung immer neue Streichungen vorzunehmen sind. Das Entsprechende gilt, wenn die Zahl $2 \cdot 3 \cdot 5$ durch $2 \cdot 3 \cdots p$ ersetzt wird. Die Primzahlen folgen einander in unregelmäßiger Weise. Der Blick in eine größere Primzahltafel zeigt, daß die Fälle, in denen q und $q + 2$ beides Primzahlen, sogenannte Primzahlzwillinge, sind, recht häufig auftreten. Auch Primzahldrillinge q, $q + 2$, $q + 6$ und Primzahlvierlinge q, $q + 2$, $q + 6$, $q + 8$ gibt es. Hier tritt $q + 4$ nur für $q = 3$ auf, da eine der drei Zahlen q, $q + 2$, $q + 4$ durch 3 teilbar ist.

Beispiele von Primzahlvierlingen: 101, 103, 107, 109; 294311, 294313, 294317, 294319; 299471, 299473, 299477, 299479.

Man weiß noch nicht, ob es unendlich viele Primzahlzwillinge gibt. Die Summe ihrer Reziproken ist nach Viggo Brun konvergent.

Andererseits treten in der Primzahlfolge plötzlich Lücken auf, die für die ganze Umgebung ungewöhnlich groß sind. So liegt z. B. zwischen 1327 und 1361 keine Primzahl; diese Lücke wird zum erstenmal wieder durch das Primzahlpaar 8467 und 8501 erreicht und durch 9551, 9587 überboten. In der Folge der Primzahlen gibt es beliebig große Lücken. Denn unter den $n-1$ Zahlen $n!+2, n!+3, \ldots, n!+n$ ist keine Primzahl, da $i|(n!+i), i = 2, \ldots, n$.

Wenn auch im einzelnen die Abstände der Primzahlen sehr unregelmäßig sind, so kann man doch Aussagen über die Häufigkeit der Primzahlen im großen ganzen machen. Die Summe $\Sigma \frac{1}{p}$ der Reziproken aller Primzahlen divergiert, was Euler zum Nachweis der Existenz unendlich vieler Primzahlen verwandte. Dagegen konvergiert die Reihe $\Sigma \frac{1}{n^2}$, sogar die Reihe $\Sigma \frac{1}{n^{1+\varepsilon}}$, $\varepsilon > 0$, wenn über alle natürlichen $n > 0$ summiert wird. Die Primzahlen liegen also dichter als die Quadratzahlen. Ein prägnantes Ergebnis ist der von Gauß vermutete und von Hadamard und de la Vallée-Poussin im Jahre 1896 bewiesene *Primzahlsatz*: Das Verhältnis der Anzahl $\pi(n)$ der Primzahlen bis n und der Funktion $n:\log n$ strebt mit wachsendem n gegen 1.

Ein Ergebnis über die Verteilung der Primzahlen auf gewisse Klassen stammt von Dirichlet. Er hat den berühmten Satz über die arithmetische Progression bewiesen: *In jeder arithmetischen Progression*

$$a, a+m, a+2m, a+3m, \ldots, \tag{16}$$

in der $(a,m) = 1$ *gilt, gibt es unendlich viele Primzahlen.* Dirichlet benutzt in seinem Beweis funktionentheoretische Hilfsmittel. Neuerdings kann man den Beweis mit „elementaren", wenn auch recht komplizierten Methoden führen. Der Dirichletsche Satz liefert sogar eine gewisse Gleichverteilung der Primzahlen auf die verschiedenen Progressionen $a+nm$, $n = 1, 2, \ldots$ und $(a,m) = 1$.

Merkwürdige Unregelmäßigkeiten in der Primzahlfolge finden sich auch in einzelnen arithmetischen Progressionen. So ist in der

Kraitchikschen Tafel der Primzahlen von der Form $2^9 k + 1$ die erste $7681 = 2^9 \cdot 15 + 1$, während eine Differenz der Mindestgröße $2^9 \cdot 15$ erst wieder nach der 37. Primzahl der Tabelle auftritt.

Während die lineare Funktion $f(x) = a + mx$ bei $(a, m) = 1$ unendlich viele Primzahlen darstellt, ist nicht bekannt, ob ein entsprechender Satz auch für quadratische Funktionen $f(x) = a + bx + cx^2$ zutrifft. Man weiß nicht einmal, ob die einfachste quadratische Funktion $f(x) = 1 + x^2$ unendlich viele Primzahlen darstellt. Indessen gilt

Satz 18: *Jedes ganzzahlige Polynom*

$$A(x) = a_n x^n + \cdots + a_1 x + a_0 \quad (a_n > 0, n > 0)$$

besitzt unendlich viele Primteiler.

Dabei heißt eine Primzahl p Primteiler von $A(x)$, wenn $p \mid A(a)$ für irgendein ganzzahliges a.

Beweis: Wir konstruieren eine Folge von ganzen Zahlen $x_0, x_1, x_2, \ldots$ derart, daß die Zahlen $y_0 = A(x_0)$, $y_1 = A(x_1)$, $y_2 = A(x_2), \ldots$ immer neue Primteiler aufweisen. Wir wählen ein $x_0 > 4 \max(|a_i|)$. Die weiteren x_i bestimmen wir rekursiv: $x_1 = x_0 + y_0^2$, allgemein $x_{s+1} = x_s + y_s^2$. Zunächst ist $y_0 = A(x_0) > 1$, besitzt also mindestens einen Primteiler. Denn wegen $x_0 > 4 \max(|a_i|)$ ist

$$A(x_0) \geqq a_n x_0^n - |a_{n-1}| x_0^{n-1} - \cdots - |a_1| x_0 - |a_0| >$$

$$> a_n x_0^n - \frac{x_0}{4}(x_0^{n-1} + \cdots + 1) = a_n x_0^n - \frac{x_0}{4} \frac{x^0 - 1}{x_0 - 1} > \tag{17}$$

$$> a_n x_0^n - \frac{1}{2}(x_0^n - 1) > a_n \frac{x_0^n}{2} > 1.$$

Sei nun p irgendein Primteiler von $y_0 = A(x_0)$. Dann geht p in y_1 in derselben Potenz wie in y_0 auf. Das folgt aus

$$y_1 = A(x_0 + y_0^2) = A(x_0) + y_0^2 \, B(x_0, y_0) =$$
$$= y_0(1 + y_0 \, \mathrm{B}(x_0, y_0)).$$

Also ist $y_1 = y_0 \cdot q_1$ mit $(q_1, y_0) = 1$. Wenn q_1 überhaupt Primteiler besitzt, dann nur solche, die nicht in y_0 aufgehen, also neu sind. Das ist wirklich der Fall, da $y_1 > y_0$ ist. Denn wegen $x_1 = x_0 + y_0^2 > 4 \max(|a_i|)$ darf x_0 in (17) durch x_1 ersetzt werden; also

$$y_1 > a_n \frac{x_1^n}{2} > \frac{y_0^{2n}}{2} > y_0.$$

Ebenso gilt allgemein $y_s = y_{s-1} q_s$ mit $(q_s, y_{s-1}) = 1$ und $q_s > 1$. Jedesmal kommt wenigstens ein neuer Primteiler hinzu. Obendrein haben wir den Satz gewonnen: Die Wertfolge $A(0), A(1), \ldots, A(n) \ldots$ eines Polynoms besteht nicht aus lauter Primzahlen, sondern enthält auch zusammengesetzte Zahlen. Euler entdeckte, daß das Polynom $A(x) = x^2 + x + 41$ für $x = 0, 1, \ldots, 39$ Primzahlen liefert. Das Polynom $A(x) = x^2 - x + 41$ stellt für $x = 0, 1, \ldots, 40$ Primzahlen dar.

W. H. Mills hat 1947 eine Funktion konstruiert, die nur Primzahlwerte annimmt: $[A^{3^x}]$ ist bei bestimmtem $A > 1$ für $x = 1, 2, 3, \ldots$ stets Primzahl.

Bezeichnet $\pi(x)$ die Anzahl der Primzahlen $\leqq x$ und $\pi_2(x)$ die Anzahl der Zwillingspaare $\leqq x$, so ist

$$\pi(100000) = 9592, \quad \pi(1000000) = 78498,$$
$$\pi_2(100000) = 1224, \quad \pi_2(1000000) = 8164.$$

Die Anzahl $\pi(10^9)$ hat man berechnet, ohne die Primzahlen $\leqq 10^9$ einzeln zu kennen. Es ist

$$\pi(10^9) = 50\ 847\ 478.$$

§ 8. Spezielle Primzahlen

Die natürliche Zahl N heißt vollkommen, wenn sie gleich der Summe ihrer *echten* natürlichen Teiler ist, z. B. $6 = 1 + 2 + 3$. Bezeichnen wir die Summe *aller* Teiler von N durch $\sigma(N) = \sum_{d/N} d$, so ist die Definition der vollkommenen Zahl N durch $\sigma(N) = 2N$ gegeben. Bei Euklid findet sich folgender

Satz 19: *Wenn $N = 2^t(2^{t+1} - 1)$ ist und dabei $p = 2^{t+1} - 1$ prim, dann ist N eine vollkommene Zahl.*

Beweis: Die Teiler eines solchen N sind $1, 2, \ldots, 2^t, p, 2p, \ldots, 2^t p$; also ist $\sigma(N) = 1 + 2 + \cdots + 2^t + p + 2p$

$+ \cdots + 2^t p = (p+1)(1+2+\cdots+2^t) = (p+1)$ $(2^{t+1}-1) = 2^{t+1}(2^{t+1}-1) = 2N$.

Die Zahlen der Euklidischen Form sind notwendig gerade.

Euler bewies die Umkehrung, nämlich

Satz 20: *Wenn N eine gerade vollkommene Zahl ist, so hat sie die Gestalt $N = 2^t(2^{t+1}-1)$, wo $2^{t+1}-1 = p$ eine Primzahl ist.*

Beweis: Jede *gerade* ganze Zahl N läßt sich in der Form $N = 2^t u$ mit $t \geqq 1$ und ungeradem u schreiben. Dann sind ihre Teiler die Zahlen $2^\alpha \cdot \delta$ mit $0 \leqq \alpha \leqq t$ und $\delta \mid u$. Betrachten wir nur die Teiler $2^\alpha \cdot \delta$ mit festem α, so ist ihr Anteil an der Summe aller Teiler gleich $2^\alpha \sigma(u)$, und die Gesamtsumme selbst ist

$$\sigma(N) = (1+2+\cdots+2^t)\,\sigma(u) = (2^{t+1}-1)\,\sigma(u).$$

Da N nach Voraussetzung vollkommen ist, gilt

$$\sigma(N) = 2N, \text{ also } (2^{t+1}-1)\,\sigma(u) = 2^{t+1} \cdot u.$$

Daraus folgen, da u ungerade ist, die Gleichungen

$$\sigma(u) = 2^{t+1} \cdot a, \quad u = (2^{t+1}-1)\,a.$$

Demnach hat u die beiden verschiedenen Teiler a und $(2^{t+1}-1)\,a > a$. Die Summe dieser beiden ist $2^{t+1} \cdot a$, also schon $\sigma(u)$. Das ist aber nur möglich, wenn $u = (2^{t+1}-1)\,a$ keine weiteren Teiler besitzt, also $a = 1$ und $2^{t+1}-1$ prim ist.

Die Zahlen $2^{t+1}-1$ sind für $t = 1, 2, 4, 6$ die Primzahlen 3, 7, 31, 127; die zugehörigen vollkommenen Zahlen sind die schon den Griechen bekannten Zahlen 6, 28, 496, 8128.

Eine ungerade vollkommene Zahl ist nicht bekannt. Man kennt nur stark einschränkende Bedingungen.

Die Frage nach den geraden vollkommenen Zahlen führt auf die Frage nach den Primzahlen $p = 2^\nu - 1$. Hier gilt

Satz 21: *Die Zahl $p = 2^\nu - 1$ ist höchstens dann Primzahl, wenn der Exponent ν Primzahl ist.*

Ist nämlich $\nu = \alpha\beta$ und $\alpha > 1$, so ist

$$2^{\alpha\beta} - 1 = (2^\alpha - 1)(2^{\alpha(\beta-1)} + \cdots + 2^\alpha + 1)$$

keine Primzahl, wenn $\beta > 1$. Primzahlen der Form $p = 2^\pi - 1$ heißen Mersennesche Primzahlen. Zu solchen Primzahlen p

führen die Primzahlen $\pi = 2, 3, 5, 7, 13, 17, 19, 31, 61, 89, 107, 127$. Dagegen gilt $23 | 2^{11} - 1$, $47 | 2^{23} - 1$, $167 | 2^{83} - 1$, $223 | 2^{37} - 1$, $233 | 2^{29} - 1$, $431 | 2^{43} - 1$. Auch die übrigen $\pi \leqq 257$ ergeben zusammengesetzte Zahlen. Soweit hat Mersenne die Exponenten untersucht, dabei allerdings fünf Fehler gemacht. Seit 1952 hat man mit Hilfe elektronischer Rechenanlagen noch zwölf weitere Primzahlen π, die zu Mersenneschen Primzahlen führen, ermittelt: $\pi = 521$, 607, 1279, 2203, 2281, 3217, 4253, 4423, 9689, 9941, 11213 und 19937. Die letzte im Jahre 1971. Das sind alle unterhalb 20000.

Von größerem Interesse, nämlich für die Frage der Kreisteilung mit Zirkel und Lineal, sind die Fermatschen Zahlen $p = 2^\nu + 1$. Hier gilt

Satz 22: *Die Zahl $p = 2^\nu + 1$ ist höchstens dann Primzahl, wenn ν eine Potenz von 2 ist, $\nu = 2^m$.*

Ist nämlich $\nu = \alpha u$ mit *ungeradem* $u > 1$, so ist

$$(2^{\alpha u} + 1) = (2^\alpha + 1)(2^{\alpha(u-1)} - 2^{\alpha(u-2)} + \cdots - 2^\alpha + 1)$$

wegen $1 < 2^\alpha + 1 < 2^{\alpha u} + 1$ eine nicht triviale Zerlegung von $2^{\alpha u} + 1$. Soll p eine Primzahl sein, darf der Exponent ν keinen ungeraden Teiler $u > 1$ enthalten: $\nu = 2^s$.

Man kennt nur fünf Primzahlen dieser Gestalt:

$$p = 3, 5, 17, 257, 65537 \text{ mit } s = 0, 1, 2, 3, 4.$$

Von den Zahlen $s = 5, 6, \ldots, 15, 16$ und einigen weiteren weiß man, daß sie zu zusammengesetzten Zahlen führen; dabei sind für $s = 7, 8, 13, 14$ keine Teiler bekannt. Von der Zahl $2^{2^{17}} + 1$ weiß man nicht, ob sie Primzahl ist oder nicht.

Nach Gauß gelingt die t-Teilung des Kreises mit Zirkel und Lineal für ungerades t nur, wenn t ein quadratfreies Produkt Fermatscher Primzahlen ist. Die maximal bisher mögliche Ungeradteilung ist die in $3 \cdot 5 \cdot 17 \cdot 257 \cdot 65537 = 2^{32} - 1$ gleiche Teile.

Allgemein kann man von den Fermatschen Zahlen $F_s = 2^{2^s} + 1$ wenigstens sagen, daß sie unendlich viele Primteiler besitzen. Denn alle Primteiler der F_s mit $s < r$ gehen in deren Produkt $\prod_{s<r} F_s = 2^{2^r} - 1 = F_r - 2$ auf, also nicht in F_r. Daher besteht die Primzerlegung von F_r aus lauter neuen Faktoren.

§ 9. Zahlentheoretische Funktionen

Zahlentheoretische Funktion heißt eine Funktion $f(n)$, die für alle positiven ganzen Zahlen n definiert ist. Im Bedarfsfalle wird $f(0) = 0$ hinzugenommen. Die Funktionswerte können reell oder komplex sein. Die zahlentheoretische Funktion heißt *multiplikativ*, wenn

$$f(n_1 n_2) = f(n_1)\, f(n_2) \text{ für } (n_1, n_2) = 1 \tag{18}$$

gilt. Ist $n = p_1^{a_1}\, p_2^{a_2} \ldots p_r^{a_r}$ die Primzerlegung von n, so ist dann

$$f(n) = f(p_1^{a_1}) \cdot f(p_2^{a_2}) \ldots f(p_r^{a_r}). \tag{19}$$

Insbesondere ist $f(1) = 1$, wenn nicht $f(n) = 0$ für alle n ist. Jedes Polynom mit reellen oder komplexen Koeffizienten stellt eine zahlentheoretische Funktion dar. Die Funktion $\tau(n)$, die Anzahl der Teiler von n, ist nach (5) multiplikativ. Die Potenz $f(n) = n^k$ ist multiplikativ. (Für sie gilt die Gleichung in (18) sogar bei beliebigen n_1, n_2.) Aus den Potenzen n^k entstehen die *Teilerfunktionen*, wieder zahlentheoretische Funktionen,

$$\sigma_k(n) = \sum_{d/n} d^k. \tag{20}$$

Für $k = 0$ erhalten wir die Teileranzahl $\sigma_0(n) = \tau(n)$ und für $k = 1$ die Summe der Teiler $\sigma_1(n) = \sigma(n)$. Die Summe der Teilerpotenzen von n ist multiplikativ. Wir beweisen gleich einen allgemeineren Satz und erklären vorher: Ist $f(n)$ eine zahlentheoretische Funktion, so heißt die Funktion

$$F(n) = \sum_{d/n} f(d) \tag{21}$$

summatorische Funktion von $f(n)$. Es gilt nun

Satz 23: *Ist $f(n)$ eine multiplikative Funktion, so ist die summatorische Funktion von $f(n)$ wieder multiplikativ.*

Beweis: Sei also f multiplikativ und $n = n_1 n_2$ mit $(n_1, n_2) = 1$. Dann ist zunächst

$$\sum_{d/n} f(d) = \sum_{\substack{d_1/n_1 \\ d_2/n_2}} f(d_1 d_2). \tag{22}$$

Hier ist links über alle Teiler d von n zu summieren. Rechts steht eine Doppelsumme; es ist sowohl über alle Teiler d_1 von n_1 als auch über alle Teiler d_2 von n_2 zu summieren. Das ergibt auf beiden Seiten dieselben Summanden. Denn jeder Teiler d von n hat die Form $d = d_1 d_2$ mit $d_1 | n_1$ und $d_2 | n_2$, wo d_1 und d_2 durch d wegen $(n_1, n_2) = 1$ eindeutig bestimmt sind. Das sieht man sofort aus der Primzerlegung von n, n_1, n_2. Umgekehrt ergibt jedes Paar d_1, d_2 mit $d_1 | n_1, d_2 | n_2$ ein $d = d_1 d_2$ mit $d | n$. Schreiben wir die rechte Seite in (22) mit zwei Summenzeichen und wenden das Distributivgesetz an, so wird sie gleich

$$\sum_{d_1/n_1} \sum_{d_2/n_2} f(d_1) f(d_2) = \sum_{d_1/n_1} f(d_1) \sum_{d_2/n_2} f(d_2),$$

womit Satz 23 bewiesen ist.

Insbesondere ist die Teilerfunktion $\sigma_k(n)$ multiplikativ, da es die Potenzen n^k sind. Wegen $\sigma_k(p^a) = 1 + p^k + \cdots + p^{ak}$ gilt für $k > 0$ und $n = \prod_{i=1}^{r} p_i^{a_i}$ die Gleichung

$$\sigma_k(n) = \prod_{i=1}^{r} \frac{p_i^{k(a_i+1)} - 1}{p_i^k - 1} \quad (k > 0). \tag{23}$$

Wir behandeln jetzt die umgekehrte Aufgabe, aus einem gegebenen $F(n)$ die Funktion $f(n)$ so zu bestimmen, daß $F(n) = \sum_{d/n} f(d)$ ist. Zunächst beweisen wir die Existenz und Eindeutigkeit von $f(n)$.

Satz 24: *Zu jeder zahlentheoretischen Funktion $F(n)$ gibt es genau eine Funktion $f(n)$ derart, daß $F(n)$ die summatorische Funktion von $f(n)$ ist.*

Beweis durch vollständige Induktion: Mit $f(1) = F(1)$ und nur mit diesem $f(1)$ ist $\sum_{d/n} f(d) = F(n)$ richtig für $n = 1$. Es sei richtig, daß es genau eine Funktion $f(m)$ gibt, die für $m < n$ definiert ist und für diese Zahlen die Eigenschaft $\sum\limits_{d/m} f(d) = F(m)$ besitzt. Dann gibt es genau eine Fortsetzung $f(1), \ldots, f(n-1), f(n)$, für die auch $\sum\limits_{d/n} f(d) = F(n)$ wird. Man definiert nämlich

$$f(n) = F(n) - \sum_{d//n} f(d),$$

wo d alle echten Teiler von n durchläuft. Dann ist $F(n) = \sum\limits_{d/n} f(d)$ erfüllt, und das so definierte $f(n)$ ist das einzig mögliche, nachdem $f(1)$ bis $f(n-1)$ festliegen.

Wir zeigen jetzt, daß für eine multiplikative Funktion $F(n)$ auch $f(n)$ multiplikativ ist. Dabei wird sich gleichzeitig ein geschlossener Ausdruck für $f(n)$ ergeben. Zunächst ist $f(p^a) = F(p^a) - F(p^{a-1})$ wegen

$$F(p^a) = f(1) + f(p) + \cdots + f(p^{a-1}) + f(p^a).$$

(Das gilt noch für beliebige $F(n)$). Man definiere jetzt für alle n eine Funktion

$$h(n) = \prod_p \left(F(p^a) - F(p^{a-1})\right), \qquad n = \prod p^a.$$

Diese ist multiplikativ und stimmt für $n = p^a$ mit $f(n)$ überein: $h(p^a) = f(p^a)$. Die summatorische Funktion $H(n)$ von $h(n)$ ist nach Satz 23 ebenfalls multiplikativ. Wegen $h(p^a) = f(p^a)$ ist $H(p^a) = F(p^a)$. Da beide Funktionen multiplikativ sind, ist $H(n) = F(n)$, woraus nach Satz 24 die Gleichung $h(n) = f(n)$ folgt, also

Satz 25: *Ist die Funktion $F(n)$ multiplikativ, so auch die Funktion $f(n)$, wenn $F(n) = \sum\limits_{d/n} f(d)$ ist, und es gilt überdies*

(24) $$f(n) = \prod_p \left(F(p^a) - F(p^{a-1})\right) \textit{ für } n = \prod p^a.$$

Wir wenden diesen Satz an auf die *Eulersche Funktion* $\varphi(n)$, die Anzahl der zu n teilerfremden Zahlen unter den Zahlen $1, 2, \ldots, n$, eine Funktion von Bedeutung für das nächste Kapitel. Wir behaupten:

(25) $$\sum_{m/n} \varphi(m) = n.$$

$n =$	1	2	3	4	5	6	7	8	9	10	11	12	13	14	15	16
$\varphi(n) =$	1	1	2	2	4	2	6	4	6	4	10	4	12	6	8	8.

Zum Beweise der Gleichung (25) fassen wir die Zahlen $r = 1, 2, \ldots, n$ nach ihrem gr. g. T. mit n zu Komplexen zusammen: $(r, n) = d$. Alle Zahlen qd eines Komplexes genügen den Bedingungen

$$1 \leqq qd \leqq n, \quad (qd, n) = d.$$

Ihre Anzahl stimmt überein mit der Anzahl der q, für die

$$1 \leqq q \leqq \frac{n}{d}, \quad \left(q, \frac{n}{d}\right) = 1$$

ist, und diese ist gleich $\varphi\left(\frac{n}{d}\right)$. Also ist

$$n = \sum_{d/n} \varphi\left(\frac{n}{d}\right) = \sum_{m/n} \varphi(m);$$

denn, wenn d alle Teiler von n durchläuft, so auch $m = \frac{n}{d}$. *Die Eulersche Funktion $\varphi(n)$ hat demnach die summatorische Funktion n.* Nach Satz 25 ist sie selbst multiplikativ, und es gilt für $n = \Pi p^a$ die Gleichung

$$(26) \quad \varphi(n) = \prod_{p/n} (p^a - p^{a-1}) = \prod_{p/n} (p-1)\, p^{a-1} = n \prod_{p/n} \left(1 - \frac{1}{p}\right).$$

Wir wollen jetzt für beliebiges — nicht notwendig multiplikatives — $F(n)$ die nach Satz 24 existierende Funktion $f(n)$ durch einen geschlossenen Ausdruck darstellen. Dazu ist die *Möbiussche Funktion* $\mu(n)$ von Nutzen. Sie wird definiert durch

$$\begin{aligned} &\mu(1) = 1 \\ (27) \quad &\mu(n) = (-1)^r \text{ für quadratfreies } n = p_1 \ldots p_r, \\ &\mu(n) = 0 \quad \text{für } n = p_1^{a_1} \ldots p_r^{a_r} \text{ mit einem } a_i > 1. \end{aligned}$$

Offensichtlich ist sie multiplikativ, also auch ihre summatorische Funktion $\varepsilon(n)$. Damit ist

$$\sum_{d/n} \mu(d) = \varepsilon(n) = \prod_{p} \varepsilon(p^a) \text{ für } n = \Pi p^a.$$

Nun ist $\varepsilon(1) = 1$, und für $a > 0$ ist

$$\varepsilon(p^a) = \mu(p^a) + \mu(p^{a-1}) + \cdots + \mu(p) + \mu(1) = 0.$$

Allgemein gilt daher

$$\sum_{d/n} \mu(d) = \varepsilon(n) = \begin{cases} 1 \text{ für } n = 1 \\ 0 \text{ für } n > 1. \end{cases} \tag{28}$$

Die Bestimmung des $f(n)$ zu gegebenem $F(n)$ ist jetzt nach der *Möbiusschen Umkehrformel* möglich:

Satz 26: *Die zu beliebigem $F(n)$ existierende Funktion $f(n)$ mit der Eigenschaft $F(n) = \sum_{d/n} f(d)$ wird dargestellt durch*

$$f(n) = \sum_{d/n} \mu(d) F\left(\frac{n}{d}\right). \tag{29}$$

Das ist die wichtigste Anwendung der Möbiusschen Funktion $\mu(n)$.

Beweis von (29): Wegen $F\left(\frac{n}{d}\right) = \sum_{d' \left| \frac{n}{d}\right.} f(d')$ ist, wenn wir die Summationsindizes der Deutlichkeit halber noch dazu schreiben,

$$\sum_{\substack{d/n \\ d}} \mu(d) F\left(\frac{n}{d}\right) = \sum_{\substack{d/n \\ d}} \mu(d) \sum_{\substack{d' \left| \frac{n}{d}\right. \\ d'}} f(d') = \sum_{\substack{dd'/n \\ d, d'}} \mu(d) f(d')$$

$$= \sum_{\substack{d'/n \\ d'}} f(d') \sum_{\substack{d \left| \frac{n}{d'}\right. \\ d}} \mu(d).$$

Da die letzte innere Summe nach (28) für $d' = n$ den Wert 1 und sonst den Wert 0 annimmt, ist die ganze rechte Seite gleich $f(n)$.

Die Möbiussche Formel (29) liefert für die Eulersche Funktion

$$\varphi(n) = \sum_{d/n} \mu(d) \frac{n}{d}. \tag{30}$$

II. Kongruenzen. Restklassen

§ 10. Rechnen mit Kongruenzen. Restklassenring

Die Restdivision $a = mv + r$ durch eine positive Zahl m, die mit $0 \leqq r < m$ über Satz 9 hinaus für beliebige a möglich und eindeutig ist, teilt die Menge aller ganzen Zahlen in m Klassen, wenn man alle Zahlen, die bei der Division durch m denselben Rest r lassen, in einer Klasse zusammenfaßt. Wir bezeichnen die Klasse der Zahlen mit dem Rest r durch $\bar{r}$ und nennen sie *Restklasse nach dem Modul m*. (Hier ist Modul eine positive Zahl, anders als auf S. 17. Zum Zusammenhang s. S. 39.) Jede ganze Zahl liegt in einer der m verschiedenen Restklassen $\bar{0}, \bar{1}, \ldots, \overline{m-1}$, von denen jede wirklich Zahlen enthält. Zwei Zahlen derselben Restklasse bezeichnen wir als *kongruent nach dem Modul m* oder als kongruent modulo m.

Erste Definition der Kongruenz: Zwei ganze Zahlen a, b heißen kongruent modulo m,

$$a \equiv b \bmod m,$$

wenn sie bei der Division durch m denselben Rest ergeben.

Wir geben noch eine andere Definition der Kongruenz. Diese ist für den Ring der ganzen Zahlen mit der ersten gleichwertig, hat aber den Vorteil, daß sie bei Rechnungen praktischer und überdies in Ringen brauchbar ist, in denen es eine Teilbarkeit, jedoch keine Division mit Rest gibt.

Zweite Definition der Kongruenz: Zwei ganze Zahlen a, b heißen kongruent modulo m, wenn $m \mid a - b$.

Beide Definitionen sind für den Ring der ganzen Zahlen gleichwertig. Ist nämlich $a \equiv b \bmod m$ nach der ersten Definition, so ist $a = mq + r, b = mq' + r$, also $a - b = m(q - q')$ und $m \mid a - b$. Ist dagegen $a \equiv b \bmod m$ nach der zweiten Definition, so ist $m \mid a - b$. Ist $a = mq + r, b = mq' + r'$ und ohne Beschränkung der Allgemeinheit $r \geqq r'$, so ist $a - b = m(q - q') + r - r'$. Aus $m \mid a - b$ und $0 \leqq r' \leqq r < m$ folgt $m \mid r - r'$ und $0 \leqq r - r' < m$, also $r = r'$.

Statt $a \equiv b \bmod m$ wird auch $a \equiv b\ (m)$ oder, wenn sich der Modul aus dem Zusammenhang ergibt, kurz $a \equiv b$ geschrieben.

Jede Zahl a bestimmt die Restklasse mod m, der sie angehört. Denn mit a gehören alle Zahlen $b = mq + a$, $q = 0, \pm 1, \pm 2, \ldots$, und nur diese zu derselben Restklasse. Das folgt aus $m \mid a - b$. Die durch beliebiges a bestimmte Restklasse wollen wir auch mit $\bar{a}$ bezeichnen. Dann ist $\bar{a} = \bar{b}$, wenn $a \equiv b$ mod m ist, und umgekehrt. Die Kongruenz zwischen zwei Zahlen bedeutet also dasselbe wie die Gleichheit der durch sie bestimmten Restklassen.

Beispiele: $m = 5$, $3 \equiv 8 \bmod 5$, $\bar{3} = \bar{8}$,
$m = 9$, $7 \equiv -2 \bmod 9$, $\bar{7} = \overline{-2}$.

Jede Zahl ist ein *Vertreter* der Restklasse, der sie angehört, und wird in dieser Eigenschaft als *Rest* bezeichnet. Ein System R von ganzen Zahlen, das aus jeder Restklasse genau eine Zahl enthält, heißt ein *vollständiges Restsystem* mod m. Dieses ist durch je zwei der folgenden drei Eigenschaften gekennzeichnet:

1. R enthält genau m Zahlen.
2. Je zwei Zahlen aus R sind einander inkongruent.
3. Jede ganze Zahl ist einer Zahl aus R kongruent.

Beispiel: Vollständige Restsysteme mod 7:

0, 1, 2, 3, 4, 5, 6 (kleinstes nicht-negatives Restsystem),
—3, —2, —1, 0, 1, 2, 3 (absolut kleinstes Restsystem),
1, 9, —4, 18, 12, —1, 7.

Man kann mit Kongruenzen rechnen. Ist nämlich

$$a' \equiv a \text{ und } b' \equiv b \text{ oder } \bar{a}' = \bar{a} \text{ und } \bar{b}' = \bar{b},$$

so folgt

$$(31) \qquad \begin{aligned} a' + b' &\equiv a + b \quad \text{oder} \quad \overline{a' + b'} = \overline{a + b}, \\ a' \cdot b' &\equiv ab \qquad \text{oder} \quad \overline{a'b'} \quad = \overline{ab}. \end{aligned}$$

Denn wenn $m \mid a' - a$ und $m \mid b' - b$, dann auch $m \mid (a' - a) + (b' - b)$ oder $m \mid (a' + b') - (a + b)$; und entsprechend $m \mid (a' - a)\, b$ oder $m \mid a'b - ab$ und $m \mid (b' - b)\, a'$ oder $m \mid b'a' - ba'$ und damit $m \mid a'b' - ab$.

Man kann also mit Kongruenzen wie mit Gleichheiten rechnen, und die von Gauß stammende Bezeichnung für die Kongruenz erinnert ja auch an das Gleichheitszeichen.

Durch wiederholte Anwendung von (31) erhält man: Ein durch die Ringoperationen aus ganzen Zahlen $a_1, \ldots, a_n$ erhaltener Ausdruck $A(a_1, \ldots, a_n)$ geht in einen kongruenten über,

$$A(a_1, \ldots, a_n) \equiv A(a'_1, \ldots, a'_n) \bmod m,$$

wenn man die Zahlen a_ν durch ihnen mod m kongruente Zahlen $a'_\nu \equiv a_\nu \bmod m$ ersetzt.

Definieren wir nun die Summe und das Produkt zweier Restklassen durch

$$\bar{a} + \bar{b} = \overline{a + b} \text{ und } \bar{a}\bar{b} = \overline{ab},$$

so liefert (31) die Unabhängigkeit der Definitionen von der Auswahl der Vertreter a, b aus den Restklassen $\bar{a}, \bar{b}$. Aus der Ringeigenschaft von Γ ergibt sich die Ringeigenschaft der Menge der Restklassen mod m, die wir daher auch als *Restklassenring* mod m bezeichnen.

Beispiele: $m = 5$; $\bar{3} \cdot \bar{3} = \overline{3 \cdot 3} = \bar{9} = \bar{4} = \overline{-1} = -\bar{1}$,

$m = 9$; $\bar{3} \cdot \bar{1} = \bar{3} \cdot \bar{4} = \bar{3} \cdot \bar{7} = \bar{3}$

$\bar{3}(\bar{4} - \bar{7}) = \bar{3} \cdot (-\bar{3}) = \bar{0}$

Als Kongruenzen geschrieben:

$$3 \cdot 3 \equiv 9 \equiv 4 \equiv -1 \bmod 5,$$
$$3 \cdot 1 \equiv 3 \cdot 4 \equiv 3 \cdot 7 \equiv 3 \bmod 9.$$

Die Zahlen $n \equiv 0 \bmod m$, also die Zahlen aus der Restklasse $\bar{0}$, bilden einen Modul im Sinne der Definition auf S. 17. Für die Zahlen $e \equiv 1$ aus der Restklasse $\bar{1}$ ist $ex \equiv x$ für alle Zahlen x, und es ist $\bar{e}\bar{x} = \bar{x}$. Der Restklassenring besitzt ein Einselement. Für zusammengesetztes $m = kl$, wo $1 < k, l < m$ ist, besitzt der Restklassenring Nullteiler. Denn es ist $k, l \not\equiv 0 \bmod m$, $kl \equiv 0\ (m)$, also $\bar{k}, \bar{l} \neq \bar{0}, \bar{k}\bar{l} = \bar{0}$. *Der Restklassenring eines Primzahlmoduls p ist nullteilerfrei.* Denn $\bar{r}_1 \bar{r}_2 = \bar{0}$, $\bar{r}_1 \neq 0$ ist gleichbedeutend mit $r_1 r_2 \equiv 0$, $r_1 \not\equiv 0 \bmod p$, und dies ist wiederum gleichbedeutend mit $p \mid r_1 r_2$, $p \nmid r_1$; nach Satz 16 folgt $p \mid r_2$, also $\bar{r}_2 = \bar{0}$.

Der Umstand, daß der Restklassenring mod m eine endliche Menge ist, wird uns manche wertvolle Schlußweise liefern und macht es ferner möglich, vollständige Additions- und Multiplikationstabellen aufzustellen.

Add. mod 6

0	1	2	3	4	5
1	2	3	4	5	0
2	3	4	5	0	1
3	4	5	0	1	2
4	5	0	1	2	3
5	0	1	2	3	4

Mult. mod 6

1	2	3	4	5	0
2	4	0	2	4	0
3	0	3	0	3	0
4	2	0	4	2	0
5	4	3	2	1	0
0	0	0	0	0	0

Mult. mod 7

1	2	3	4	5	6
2	4	6	1	3	5
3	6	2	5	1	4
4	1	5	2	6	3
5	3	1	6	4	2
6	5	4	3	2	1

Das Produkt eines Restes r am linken Rand mit einem Rest s am oberen Rand steht in derselben Zeile wie r und in derselben Spalte wie s. Die Multiplikation $0 \cdot r = r \cdot 0 = 0$ ist in der Tabelle mod 7 fortgelassen. Als Vertreter seiner Restklasse wurde jedesmal der kleinste nicht-negative Rest verwandt.

Bemerkung 1. Der Restklassenring R_m mod m geht allein schon aus dem Begriff der natürlichen Zahl hervor. Um die Restklasse $-\bar{1}$ zu definieren, braucht man die negativen Zahlen nicht einzuführen. Die Gleichung $\bar{x} + \bar{1} = \bar{0}$ ist lösbar durch die Restklasse $\bar{x} = \overline{m - 1}$. Ähnlich verhält es sich mit der Umkehrung der Multiplikation im nächsten Paragraphen.

Bemerkung 2. Den Ring der ganzen Zahlen kann man selbst als den „Restklassenring mod 0" auffassen, weil in ihm die Restklasse $\bar{0}$ aus der den Modul (0) erschöpfenden Zahl 0 allein besteht. Die Nullteilerfreiheit, die bei ihm schon aus der Ordnung seiner Elemente folgt, hat er mit den Restklassenringen nach Primzahlmoduln gemein. Bei diesen hat man aber wie bei allen eigentlichen Restklassenringen nur eine zyklische Anordnung ihrer Elemente.

Für den Übergang von einem Modul $m = dt$ zu einem Modulteiler t gilt:

(33) Mit $a' \equiv a \bmod m$ ist $a' \equiv a \bmod t$.
Mit $a' \equiv a \bmod t$ ist $a'd \equiv ad \bmod m$ und umgekehrt.

Denn $t | m$ und $m | (a' - a)$ haben $t | a' - a$ zur Folge, und $t | (a' - a)$ und $dt | (da' - da)$ sind gleichwertig.

§ 11. Kongruenzdivision. Bruchdarstellung. Restklassenkörper

Satz 27: *Die Kongruenz* $ax \equiv c \bmod m$ *ist genau dann lösbar, wenn* $(a, m) | c$. *In diesem Fall besitzt sie* (a, m) *einander* mod m *inkongruente Lösungen. Für den Hauptfall* $(a, m) = 1$ *gehört also zu jedem* c *eine* mod m *eindeutige Kongruenzlösung.*

Beweis: Ist x eine Lösung von $ax \equiv c\,(m)$, so heißt das $m | ax - c$, und die Diophantische Gleichung $ax - c = my$ oder

$$ax - my = c \tag{34}$$

ist in ganzen Zahlen x, y lösbar. Umgekehrt folgt aus der Lösbarkeit dieser Gleichung die Lösbarkeit der Kongruenz. Da durch $ax - my$ gerade alle Vielfachen von (a, m) dargestellt werden, ist die Gleichung (34) und somit die Kongruenz dann und nur dann lösbar, wenn $(a, m) | c$.

Trifft nun $(a, m) | c$ zu und ist $(a, m) = d$, $m = m'd$, $a = a'd$, $c = c'd$, so ist jedes x mit $ax \equiv c \bmod m$ nach (33) auch Lösung von $a'x \equiv c' \bmod m'$ und umgekehrt. Ist x_1 eine zweite Lösung der letzten Kongruenz, so ist $a'(x - x_1) \equiv 0 \bmod m'$; wegen $(a', m') = 1$ gilt $m' | x - x_1$, also $x_1 = x + m'y$. Alle solche x_1 sind Lösungen der Kongruenz $a'x \equiv c'\,(m')$ und damit auch der Kongruenz $ax \equiv c\,(m)$. Unter ihnen sind genau die Zahlen $x, x + m', x + 2m', \ldots, x + (d-1)m'$ einander mod m inkongruent. Ihre Anzahl ist $d = (a\,m)$.

Ist von vornherein $(a, m) = 1$, so gilt $x_1 \equiv x\,(m)$, und man hat für $ax \equiv c\,(m)$ eine mod m eindeutige Lösung.

Für $(a, m) = 1$ verwendet man zur Bezeichnung der eindeutigen Lösung der Kongruenz $ax \equiv c \bmod m$ gern die Bruchform $x \equiv \frac{c}{a} \bmod m$. Mit dieser Bruchschreibweise führen wir nicht die rationalen Zahlen ein, auch nicht die mit zu m fremdem Nenner. Wohl aber gelten hier dieselben Rechenregeln wie für gewöhnliche Brüche. Es sind nämlich, wenn die Nenner immer zu m teilerfremd gewählt werden:

(35) $$\frac{cs}{as} \equiv \frac{c}{a}; \quad \frac{c}{a} \cdot \frac{r}{s} \equiv \frac{cr}{as}; \quad \frac{c}{a} \pm \frac{r}{s} \equiv \frac{cs \pm ar}{as} \mod m.$$

Die Richtigkeit dieser Kongruenzen folgt unmittelbar aus der Definition unserer Brüche. Ist z.B. $y \equiv \frac{cs}{as}$, so heißt das $asy \equiv cs$; wegen $(s, m) = 1$ ist $ay \equiv c$ und wegen $(a, m) = 1$, auch $y \equiv \frac{c}{a}$. Die übrigen Regeln beweist man entsprechend.

Die Bruchschreibweise kann die Auflösung von Kongruenzen sehr vereinfachen.

Beispiele:

$$27x \equiv 1\,(100): x \equiv \frac{1}{27} \equiv -\frac{99}{27} \equiv -\frac{11}{3} \equiv -\frac{111}{3} \equiv -37$$

oder $$\equiv \frac{189}{3} \equiv 63,$$

$$67x \equiv 81\,(139): x \equiv \frac{81}{67} \equiv -\frac{81}{72} \equiv -\frac{9}{8} \equiv -\frac{148}{8} \equiv -\frac{37}{2} \equiv \frac{102}{2} \equiv 51$$

oder $$\equiv \frac{162}{134} \equiv -\frac{23}{5} \equiv \frac{116}{5} \equiv \frac{255}{5} \equiv 51.$$

Man drückt also den Nenner des gegebenen Bruches dadurch allmählich auf 1 herab, daß man Zähler und Nenner durch kongruente Zahlen ersetzt, entweder kleinere oder so zerfallende, daß der Bruch nach (35) kürzbar wird. Bisweilen kann auch eine Bruchererweiterung wie oben $\frac{81}{67} \equiv \frac{162}{134}$ das Verfahren beschleunigen; der in Zähler und Nenner hinzukommende Faktor muß dabei aber zu m prim sein. In der Regel kommt man mit dem Bruchrechnungsverfahren viel schneller zum Ziel als durch Auflösung einer Diophantischen Gleichung nach dem Muster des Euklidischen Algorithmus. Umgekehrt lohnt es sich, wenn (34) gegeben ist, eine Bruchkongruenz daraus zu machen, wobei noch die Auswahl zwischen a und m als Modul möglich ist.

Von besonderer Wichtigkeit ist der Fall, daß der Modul eine Primzahl ist. Auf ihn werden sich (§ 15) die Kongruenzen nach einem beliebigen Modul im wesentlichen zurückführen lassen. Es gilt hier:

Satz 28: *Der Restklassenring eines Primzahlmoduls ist Körper.*

Körper heißt dabei ein nullteilerfreier Ring mit Einselement — ein Integritätsbereich —, wenn in ihm jede Gleichung $ax = c$ für $a \neq 0$ genau eine Lösung besitzt.

Nun besitzt jeder Restklassenring ein Einselement, nämlich die Restklasse $\bar{1}$; er ist, wie wir schon gesehen haben, nullteilerfrei, wenn der Modul eine Primzahl ist. Nach Satz 27 ist bei Primzahlmoduln p die Kongruenz $ax \equiv c \bmod p$ für jedes $a \not\equiv 0\ (p)$ lösbar, und zwar mod p eindeutig, weil dann $(a, p) = 1$. Im Restklassenring R_p mod p ist also die Gleichung $\bar{a}\bar{x} = \bar{c}$ für $\bar{a} \neq \bar{0}$ eindeutig lösbar.

Die Lösung $x = a'$ von $ax \equiv 1 \bmod p$ heißt zu a reziproker Rest. Hat man eine Tafel der Reziproken mod p, so ist die Kongruenz $ax \equiv c(p)$ durch Multiplikation zu lösen: $x \equiv a'c\ (p)$.

In der obigen Definition des Körpers haben wir mehr gefordert als nötig. Es genügt: *Ein Körper ist ein Ring, in dem jede Gleichung $ax = c$ für $a \neq 0$ mindestens eine Lösung besitzt.* Das übrige ist dann eine Folgerung. Sei zunächst $a \neq 0$ fest gewählt. Dann ist $ax = a$ lösbar, etwa durch $x = e_a$. Mit diesem e_a ist bei beliebigem b auch $be_a = b$, wie aus $ae_a = a$ durch Multiplikation mit einem solchen r folgt, daß $ra = b$ ist. Es gibt also ein e mit $ae = a$ für alle a. Ist weiter $a \cdot b = 0$ und $a \neq 0$ und $a'a = e$, so ist $a'ab = b = 0$. Und schließlich folgt die Eindeutigkeit der Lösung von $ax = c$ für $a \neq 0$. Ist nämlich auch $ax_1 = c$, so ist $a(x - x_1) = 0$, also $a'a(x - x_1) = x - x_1 = 0$.

Ist $a \equiv a' \bmod m$ und $(a, m) = d$, so ist auch $(a', m) = d$, wie aus $a' = a + km$ folgt. Man kann demnach von dem gr. g. T. einer Restklasse mit m sprechen, insbesondere von den zu m teilerfremden Restklassen. Zu diesen gehört die Restklasse $a \equiv 1 \bmod m$. Ferner gehört zu ihnen mit zwei Restklassen auch deren Produkt, denn aus $(a,m) = (b,m) = 1$ folgt $(ab,m) = 1$. Und schließlich gibt es nach Satz 27 zu jeder teilerfremden Restklasse die inverse Restklasse. Bezeichnen wir einmal die zu m teilerfremden Restklassen mit $A, B, \ldots$, so gilt:

Die Elemente $A, B, \ldots$ bilden eine Menge mit folgenden Eigenschaften:

1. Je zwei Elementen wird durch eine Verknüpfungsvorschrift ein Element der Menge zugeordnet: $AB = C$.

2. Diese Verknüpfung ist assoziativ: $(AB)C = A(BC)$.

3. Es gibt ein Element E, so daß für alle Elemente A die Gleichung $EA = A$ gilt.

4. Zu jedem Element A gibt es ein Element A^{-1}, so daß $A^{-1} \cdot A = E$ ist.

Ganz allgemein nennt man eine Menge mit diesen Eigenschaften **Gruppe**. Von einer inhaltlichen Bedeutung der Verknüpfung wird abgesehen. Die zum Modul teilerfremden Restklassen bilden eine Gruppe mit der Restklassenmultiplikation als Verknüpfung. Man nennt sie die prime Restklassengruppe. Wegen $AB = BA$ stellen sie eine besondere Gruppe, eine „abelsche Gruppe" dar. Die Anzahl ihrer Elemente — ihre Ordnung — ist $\varphi(m)$. (Vgl. S. 34.)

§ 12. Ein Satz von Thue. Wilsonscher Satz

Wir bringen jetzt einige Anwendungen der Restdivision, zuerst eine Verallgemeinerung eines Satzes von Axel Thue, der sowohl für zahlentheoretische Rechenverfahren als für abzählende Beweise (§ 19) wertvoll ist.

Satz 29: *Sei m ein Modul, und seien e, f positive Zahlen mit den Eigenschaften*

$$e, f \leqq m < ef \text{ (also auch } 1 < e, f).$$

Dann gilt für alle zu dem Modul m teilerfremden Reste r eine Kongruenz

$$yr \equiv \pm x \text{ mit } 0 < x < e, 0 < y < f. \quad (36)$$

(Bei Thue ist $e = f$ und e die kleinste positive Zahl, für die $e^2 > m$ ist.)

Der Beweis wird mit Hilfe der Dirichletschen Schubfächermethode geführt. Sei r ein fester Rest mit $(r, m) = 1$. Dann bilde man alle Ausdrücke $v + rw$ mit $0 \leqq v < e$, $0 \leqq w < f$. Das sind ef, also mehr als m Ausdrücke. Daher sind wenigstens zwei unter ihnen einander kongruent, etwa

$v' + rw' \equiv v + rw \bmod m$. Also ist $r(w'-w) \equiv v - v'$ mit $|w' - w| < f$, $|v - v'| < e$. Aus $w' - w = 0$ würde folgen $v - v' \equiv 0$ und dann $v - v' = 0$; es würde sich dann um dasselbe Zahlenpaar (v, w) handeln. Ebenso folgt aus $v - v' = 0$ wegen $(r, m) = 1$ die Kongruenz $w' - w \equiv 0$ und dann $w' - w = 0$, und (v, w), (v', w') wären wieder dieselben Zahlenpaare. Es ist also

$$r(w' - w) \equiv v - v' \text{ mit } 0 < |w' - w| < f,\ 0 < |v - v'| < e;$$

damit gilt die Kongruenz (36).

Ist $m = p$ eine Primzahl, so können wir (36) in der Form $r \equiv \pm \frac{x}{y}$ schreiben, da dann $(y, p) = 1$ ist.

Die Unterbringung der Reste im Rechteck $0 < x < e$, $0 < y < f$ liefert selbst im Thueschen Fall $e = f$ eine sehr ökonomische Verteilung: Für $p = 3, 7, 23, 47$ hat man nur je eine Darstellung $\pm \frac{x}{y}$ mit $(x, y) = 1$ für die Reste $1, \ldots, p-1$. Bei $p = 7$ ist $r \equiv \pm 1, \pm 2, \pm \frac{1}{2}$.

Eine Anwendung der Reziprokenbildung ergibt den *Wilsonschen Satz.*

Satz 30: *Für jede Primzahl p und nur für Primzahlen gilt*

$$(37) \qquad (p-1)! = 1 \cdot 2 \ldots (p-1) \equiv -1 \bmod p;$$

$$(38) \qquad \left(\frac{p-1}{2}\right)! \equiv j \text{ mit } j^2 \equiv \begin{cases} -1(p) & \text{für } p = 4n+1, \\ +1(p) & \text{für } p = 4n-1. \end{cases}$$

Die Kongruenz (37) stellt das bekannteste Primzahlkriterium dar. Das wichtigste Ergebnis liegt jedoch in (38), wonach die Kongruenz $x^2 \equiv -1(p)$ für $p \equiv 1(4)$ lösbar ist. Die Entscheidung, wann in (38) für $p \equiv -1\,(4)$ die Kongruenz $j \equiv +1$ oder $j \equiv -1$ zutrifft, erfordert tiefere Hilfsmittel. Daß (37), (38) für zusammengesetzte Zahlen nicht gelten, ist klar. Sei p nun Primzahl.

Beweis von (37): Ist $x \not\equiv 0(p)$ und x' die Lösung von $xx' \equiv 1(p)$, so ist $x \equiv x'(p)$ nur für $x^2 \equiv 1(p)$ erfüllt. Es ist dann $p \mid (x^2 - 1)$, also $p \mid (x-1)(x+1)$, d. h. es ist $x \equiv x'(p)$ nur für $x \equiv \pm 1(p)$. In dem Produkt $1 \cdot 2 \ldots (p-1)$

fassen wir die übrigen Faktoren nach Paaren x, x' mit $x x' \equiv 1 (p)$ zusammen und erhalten für $p > 2$

$$(p-1)! \equiv (+1)(-1) \Pi x x' \equiv -1 \bmod p.$$

Für $p = 2$ ist (37) trivial.

Beweis von (38): Wir setzen die ungerade Primzahl $p = 2k + 1$. Dann stellt $0, \pm 1, \pm 2, \ldots, \pm k$ ein vollständiges Restsystem mod p dar. Es ist also nach (37)

$$-1 \equiv (p-1)! \equiv 1 \cdot (-1) \cdot 2 \cdot (-2) \ldots k \cdot (-k) = (-1)^k (k!)^2.$$

Für $p = 4n + 1$ ist k gerade und $(k!)^2 \equiv -1 (p)$.
Für $p = 4n - 1$ ist k ungerade und $(k!)^2 \equiv +1$, $k! \equiv \pm 1$.

§ 13. Simultane Kongruenzen

Der Hauptsatz über simultane Kongruenzen ist

Satz 31: *Gegeben seien r paarweise teilerfremde Moduln $m_1, \ldots, m_r$ mit dem Produkt m und zu jedem m_i irgendeine ganze Zahl a_i. Dann gibt es* mod *m genau einen Rest x, der die Kongruenzen*

(39) $\quad x \equiv a_1(m_1), x \equiv a_2(m_2), \ldots, x \equiv a_r(m_r)$

zugleich erfüllt.

Beweis: Ist $m = m_i q_i$, so ist nach Satz 6 wegen der paarweisen Teilerfremdheit der m_i der gr. g. T. $(q_1, \ldots, q_r) = 1$, und die Gleichung

(40) $\quad 1 = q_1 y_1 + \cdots + q_r y_r$

ist in ganzen Zahlen $y_1, \ldots, y_r$ lösbar. Setzt man nun $q_i y_i = e_i$, so hat man

(41) $\quad 1 = e_1 + e_2 + \cdots + e_r$ mit $\begin{matrix} e_j \equiv 0(m_i) \text{ für } j \neq i, \\ e_i \equiv 1(m_i). \end{matrix}$

Es ist nämlich $e_j = \frac{m}{m_j} y_j$, also $\equiv 0(m_i)$ für $j \neq i$.
Dann folgt aus der Gleichung (40) die Kongruenz $e_i \equiv 1(m_i)$. Setzt man nun

(42) $\quad x \equiv a_1 e_1 + a_2 e_2 + \cdots + a_r e_r \bmod m,$

so erfüllt x jede der Kongruenzen $x \equiv a_i(m_i)$. Erfüllt auch x' jede Kongruenz $x' \equiv a_i(m_i)$, ist also $x' \equiv x(m_i)$ für alle i, so folgt wegen der paarweisen Teilerfremdheit der m_i die Kongruenz $x' \equiv x \bmod m$, also die Eindeutigkeit der Lösung mod m. Die aus der Verbindung der Kongruenzen (39) hervorgehende Kongruenz (42) ist dem System der Kongruenzen (39) gleichwertig.

Es folgt: *Eine Kongruenz nach einem zusammengesetzten Modul ist gleichwertig mit einem System von Kongruenzen nach seinen Primzahlpotenzfaktoren.*

Durchlaufen in (42) die a_i ein volles Restsystem mod m_i, so erhält man für x mod m insgesamt m Reste. Das sind alle mod m verschiedenen Reste. Denn ist $y \equiv a_1' e_1 + a_2' e_2 + \cdots + a_r' e_r (m)$ und $y \equiv x(m)$, so folgt $0 \equiv y - x \equiv (a_1' - a_1)\, e_1 + \cdots + (a_r' - a_r)\, e_r \equiv (a_i' - a_i) \bmod m_i$, also $a_i' \equiv a_i(m_i)$. Die Restklasse von x mod m hängt nur ab von den Restklassen der a_i mod m_i. Die Bildung von Summe und Produkt der Restklassen mod m kann auf diese Operationen mod m_i zurückgeführt werden. Ist $x \equiv a_1 e_1 + \cdots + a_r e_r$, $y \equiv a_1' e_1 + \cdots + a_r' e_r$, so gilt für die Summe

$$x + y \equiv (a_1 + a_1')\, e_1 + \cdots + (a_r + a_r') e_r \bmod m,$$

wo die Summe $a_i + a_i'$ mod m_i zu bilden ist. Für das Produkt ist

$$xy \equiv (a_1 e_1 + \cdots + a_r e_r)\,(a_1' e_1 + \cdots + a_r' e_r) \equiv$$
$$\equiv a_1 a_1' e_1 + \cdots + a_r a_r' e_r,$$

wo entsprechend das Produkt $a_i a_i'$ mod m_i zu bilden ist. Es ist nämlich $e_i e_j \equiv 0(m)$ für $i \neq j$ und $e_j^2 \equiv e_j(m)$ wegen $e_j(e_j - 1) \equiv 0(m)$.

Wir stellen den für die e_i gültigen Kongruenzen mod m die entsprechenden Restklassengleichungen gegenüber:

$$\bar{1} = \sum \bar{e}_i \tag{43}$$

$$\text{mit } \bar{e}_i^2 = \bar{e}_i \text{ und } \bar{e}_i \bar{e}_j = \bar{0} \text{ für } i \neq j. \tag{44}$$

Diese Zerlegung des Einselements des Restklassenrings führt nach

$$\bar{a} = \bar{a} \cdot \bar{1} = \sum \bar{a}\bar{e}_i = \sum \bar{a}_i,$$

wenn wir $\bar{a}\bar{e}_i = \bar{a}_i$ setzen, zu einer Zerlegung aller Elemente des Restklassenrings. Mit diesen Elementen darf wegen

$$\bar{a}_i\bar{b}_j = \bar{0} \text{ für } i \neq j,$$

wie aus (44) folgt, komponentenweise gerechnet werden:

$$\bar{a} \pm \bar{b} = \sum (\bar{a}_i \pm \bar{b}_i). \tag{45}$$

Für festes i bilden die $\bar{a}_i = \bar{a}\bar{e}_i$ hiernach einen Teilring $R_i = R\bar{e}_i$ des Restklassenrings R mod m, für den $\bar{e}_i$ Einselement ist und der mit dem Restklassenring mod m_i gleichgesetzt werden darf, da ae_i mod m nur von a mod m_i abhängt. In diesem Sinn sagt man:

Satz 32: *Der Restklassenring* mod m *ist die direkte Summe der Restklassenringe* mod m_i.

Wir betrachten wieder die Darstellung (42) aller Restklassen mod m durch

$$x \equiv a_1e_1 + \cdots + a_re_r \mod m,$$

wo a_i mod m_i läuft, und fragen nach den zum Modul m teilerfremden Restklassen x. Ist $(x, m) = 1$, so folgt $(x, m_i) = 1$ und weiter wegen $x \equiv a_ie_i \equiv a_i (m_i)$ auch $(a_i, m_i) = 1$, da der gr. g. T. (x, m_i) nur vom Rest x mod m_i abhängt. Aus demselben Grund folgt aus $(a_i, m_i) = 1$ die Gleichung $(x, m_i) = 1$, also $(x, m) = 1$. Damit ist gezeigt: *Eine Restklasse x mod m ist genau dann prim zu m, wenn die in ihrer Darstellung (42) auftretenden a_i prim zu m_i sind.* Die Anzahl $\varphi(m)$ der zu m teilerfremden Reste mod m ist danach gleich dem Produkt der Anzahlen $\varphi(m_i)$ der zu m_i teilerfremden Reste mod m_i. Das ist, wenn noch $\varphi(p^\alpha) = p^\alpha - p^{\alpha-1}$ für primes p und $\alpha \geqq 1$ benutzt wird, ein neuer Beweis der Formel (26) für die Eulersche Funktion $\varphi(m)$.

Ein Vertretersystem der teilerfremden Reste mod m heißt *primes Restsystem.*

Da es sich bei der primen Restklassengruppe mod m nur um die Multiplikation handelt und diese auf die simultane Multiplikation in den primen Restklassengruppen mod m_i zurückgeführt ist, sagt man: *Die prime Restklassengruppe* mod m *ist das direkte Produkt der primen Restklassengruppen* mod m_i.

Der Beweis des Hauptsatzes liefert ein Verfahren, das x mod m für das Kongruenzensystem (39) zu berechnen. Statt hierzu die Gleichung $1 = q_1 y_1 + \cdots + q_r y_r$ zu lösen, genügt es, da die $e_i = q_i y_i$ nur mod m in Betracht kommen, die Kongurenz $1 \equiv q_1 y_1 + \cdots + q_r y_r (m)$ zu lösen, und dafür wieder genügt die Lösung von $1 \equiv q_i y_i (m_i)$. Denn aus $y_i' \equiv y_i (m_i)$ folgt $q_i y_i' \equiv q_i y_i (m)$.

Wir behandeln als Beispiel das Kongruenzsystem:

$$x \equiv 2 \bmod 7,\; x \equiv 4 \bmod 8,\; x \equiv 1 \bmod 9.$$
$$(7,8) = (7,9) = (8,9) = 1;\; \mathrm{m} = 7 \cdot 8 \cdot 9 = 504;$$
$$q_1 = 72,\; q_2 = 63,\; q_3 = 56;$$
$$72 y_1 \equiv 2 y_1 \equiv 1(7),\; 63 y_2 \equiv -y_2 \equiv 1(8),\; 56 y_3 \equiv 2 y_3 \equiv 1(9)$$
$$y_1 \equiv 4(7),\quad y_2 \equiv -1(8),\quad y_3 \equiv -4(9);$$
$$e_1 \equiv 72 \cdot 4(504),\quad e_2 \equiv -63(504),\quad e_3 \equiv -56 \cdot 4(504).$$
$$x \equiv 2 \cdot 288 - 4 \cdot 63 - 1 \cdot 224 \equiv 100(504);\; 100 \equiv a_i(m_i).$$

Dies Verfahren ist vorteilhaft, wenn mehrere Kongruenzverbindungen nach denselben Moduln vorzunehmen sind. Liegt z. B. das System

$$x \equiv 5 \bmod 7,\; x \equiv 1 \bmod 8,\; x \equiv 3 \bmod 9$$

außerdem noch vor, so ist mit denselben e_i jetzt

$$x \equiv -2 \cdot 288 - 63 - 3 \cdot 224 \equiv -72 - 63 - 168 \equiv$$
$$\equiv -303 \equiv 201 \bmod 504.$$

§ 14. Kongruenzrechnung mit Polynomen

Unter ganzzahligen Polynomen versteht man Ausdrücke von der Form $A(x) = a_0 + a_1 x + \cdots + a_n x^n$ mit ganzzahligen Koeffizienten a_i. Die Rechenregeln für Polynome setzen wir als bekannt voraus. Die Polynome mit ganzzahligen Koeffizienten bilden einen Ring. (Vgl. S. 7.) Jedem Polynom mit einem von 0 verschiedenen Koeffizienten ordnet man als Grad den Index des letzten nicht verschwindenden Koeffizienten zu. Die ganzen Zahlen $\neq 0$, unter ihnen die Zahl 1, haben den Grad 0. Der Zahl 0 ordnet man keinen Grad zu. Ist $A(x) = a_0 + \cdots + a_n x^n$, $B(x) = b_0 + \cdots + b_m x^m$ und $a_n, b_m \neq 0$, so hat das Polynom $A(x)\,B(x)$ als höchsten Koeffizienten $a_n b_m \neq 0$. *Die ganzzahligen Polynome bilden also einen Integritätsbereich.* (Vgl. S. 8.)

Wir werden auch die ganzzahligen Polynome nach einem Modul betrachten und definieren:

(46) $$A(x) \equiv B(x) \bmod m,$$

wenn alle Koeffizienten von $A(x) - B(x)$ durch m teilbar sind. Wir schreiben auch $\overline{A}(x) = \overline{B}(x)$ für die Polynome, deren Koeffizienten die zugehörigen Restklassen sind; damit ist wieder jeder Kongruenz eine Gleichung zugeordnet.

Den Index des letzten in $A(x)$ vorkommenden Koeffizienten $\not\equiv 0 \bmod m$ bezeichnet man als *Grad von* $A(x) \bmod m$. Dem Polynom $A(x) \equiv 0 \bmod m$ wird kein Grad $\bmod m$ zugeordnet.

Beispiel: $12x^3 + 9x^2 + 4$ hat mod 5 den Grad 3, mod 4 den Grad 2, mod 3 den Grad 0 und ist z. B. $\equiv 2x^3 - x - 1 \bmod 5$, $\equiv x^2 \bmod 4$, $\equiv 1 \bmod 3$. Das Polynom $x^3 - x$ hat mod 3 den Grad 3 und ist insbesondere $\not\equiv 0$, obwohl es für jedes $x \equiv 0, 1, 2 \bmod 3$ den Rest 0 ergibt. Es können demnach verschiedene Polynome mit Koeffizienten aus einem Restklassenring an allen Stellen übereinstimmen.

Gilt für die ganze Zahl r die Kongruenz $A(r) \equiv 0 \bmod m$, so heißt r eine *Wurzel von* $A(x) \bmod m$.

Satz 33: *Die ganze Zahl r ist genau dann Wurzel von $A(x)$ mod m, wenn $A(x) \equiv (x - r)\,A_1(x) \bmod m$ ist mit einem ganzzahligen Polynom $A_1(x)$.*

Beweis: Für jedes r gilt, sogar als Gleichung,

$$A(x) - A(r) = a_1(x - r) + a_2(x^2 - r^2) + \cdots + a_n(x^n - r^n) = \\ = (x - r)\,A_1(x), \text{ da } x - r \mid x^i - r^i.$$

Für $A(r) \equiv 0$ ist daher $A(x) \equiv (x - r)\,A_1(x)$; die Umkehrung ist trivial.

Für das Weitere setzen wir den Modul als Primzahlmodul p voraus.

Satz 34: *Sind $r_1, \ldots, r_k$ einander inkongruente Wurzeln von $A(x)$ mod p, so ist*

(47) $$A(x) \equiv (x - r_1) \cdots (x - r_k)\,A_k(x) \bmod p.$$

Zunächst gilt nämlich nach Satz 33 die Kongruenz $A(x) \equiv (x - r_1) A_1(x)$. Ist nun $A(r_2) \equiv 0$ und $r_2 \not\equiv r_1$, so folgt aus $0 \equiv (r_2 - r_1) A_1(r_2)$, da der Modul eine Primzahl ist, die Kongruenz $A_1(r_2) \equiv 0$, also nach Satz 33 die Zerlegung $A_1(x) \equiv (x - r_2) A_2(x)$. Daraus folgt der Satz für $k = 2$; allgemein folgt er durch vollständige Induktion.

Ist in (47) der Grad von $A(x)$ mod p gleich n, so ist der Grad von $A_k(x)$ mod p gleich $n - k$. Daraus folgt:

Ein Polynom n-ten Grades hat mod p *höchstens n inkongruente Wurzeln.* Ist $A(x) \not\equiv 0$ und besitzt es wirklich n inkongruente Wurzeln mod p, so zerfällt es in

(48) $$A(x) \equiv (x - r_1)(x - r_2) \ldots (x - r_n)\, a_n \bmod p.$$

Anwendung: Für jeden Rest $r \not\equiv 0$ gilt eine Kongruenz $r^h \equiv 1 (p)$, da $r, r^2, \ldots, r^m, \ldots$ nicht alle einander inkongruent sind und aus $r^m \equiv r^n$ die Kongruenz $r^{m-n} \equiv 1 (p)$ folgt. Das kleinste positive h dieser Eigenschaft heißt der *Exponent oder die Ordnung* von r mod p. (Entsprechend bei zusammengesetztem Modul.) Es ist dann

(49) $$r^h \equiv r^{2h} \equiv r^{3h} \equiv \cdots \equiv 1,$$

während $1, r, \ldots, r^{h-1}$ einander inkongruent sind, weil sonst unter ihnen ein $r^{m-n} \equiv 1$ mit $0 < m - n < h$ vorkäme. Alle Potenzen von r sind nach (49) Wurzeln des Polynoms $x^h - 1$ mod p, und h ist zugleich die Anzahl der inkongruenten Wurzeln. Also ist mit (48)

(50) $$x^h - 1 \equiv (x - 1)(x - r) \ldots (x - r^{h-1}),$$

wenn r mod p die Ordnung h besitzt.

Satz 35: *Ist $A(x) \equiv B(x)\, C(x)$, so kommt jede Wurzel r_i* mod p *von $A(x)$ unter den Wurzeln von $B(x)$ oder $C(x)$* mod p *vor. Zerfällt $A(x)$* mod p *in n Linearfaktoren, so sind $B(x)$ und $C(x)$ bis auf einen konstanten Faktor je ein Produkt dieser Linearfaktoren.*

Aus $A(r_i) \equiv 0$, $B(r_i) \not\equiv 0$ folgt nämlich $C(r_i) \equiv 0$, also der erste Teil des Satzes. Für den zweiten Teil beachten wir, daß die Wurzeln mod p von $B(x)$ trivialerweise unter den Wurzeln r_i mod p von $A(x)$ vorkommen. Es seien etwa die

Wurzeln $r_1, \ldots, r_m$. Dann gilt nach Satz 34 eine Kongruenz $B(x) \equiv (x - r_1) \cdots (x - r_m)\; B'(x)$. Die übrigen Wurzeln $r_{m+1}, \ldots, r_n$ von $A(x)$ mod p sind Wurzeln mod p von $C(x)$, also gilt $C(x) \equiv (x - r_{m+1}) \ldots (x - r_n)\; C'(x)$. Da für das Produkt $B(x)\; C(x)$ der Grad mod p gleich n ist, sind $B'(x)$ und $C'(x)$ Polynome vom Grade 0. Damit ist

$$B(x) \equiv b \prod_{i \leq m} (x - r_i), \quad C(x) \equiv c \prod_{i > m} (x - r_i).$$

Satz 36: *Aus* $A(x)\, B(x) \equiv 0 \bmod p$ *und* $A(x) \not\equiv 0 \bmod p$ *folgt* $B(x) \equiv 0 \bmod p$.

Beweis: $A(x)$ habe mod p den Grad n, also $a_n \not\equiv 0(p)$. Besäße nun $B(x)$ auch einen höchsten Koeffizienten $b_m \not\equiv 0(p)$, so wäre der höchste Koeffizient von $A(x)\, B(x)$ gleich $a_n\, b_m \not\equiv 0$ und damit $A(x)\, B(x) \not\equiv 0(p)$.

Aus diesem Satz folgt: *Der Ring der Polynome mit Koeffizienten aus dem Restklassenkörper* mod p *ist Integritätsbereich.*

Weiter folgt der *Satz von Gauß*: Nennt man ein Polynom $A(x)$ primitiv, wenn seine Koeffizienten teilerfremd sind, wenn also $A(x) \not\equiv 0 \bmod p$ für alle Primzahlen p ist, so ist das Produkt zweier primitiven Polynome wieder ein primitives Polynom.

Die Folgerung aus Satz 34 gilt nicht für zusammengesetzte Moduln: Das Polynom $A(x) \equiv x^2 - 1 (8)$ hat mod 8 die vier inkongruenten Wurzeln 1, 3, 5, 7. Auch Satz 35 gilt nur für Primzahlmoduln: Für $A(x) \equiv x^2 \equiv (x - 2)(x - 2) \bmod 4$ ist 0 Wurzel von x^2, dagegen nicht von $x - 2 \bmod 4$.

§ 15. Reduktion der Moduln bei algebraischen Kongruenzen

Das Polynom $A(x)$ besitzt die Wurzel r mod m, wenn $A(r) \equiv 0 \bmod m$ ist. Statt dessen sagt man auch, r sei eine Lösung der algebraischen Kongruenz $A(x) \equiv 0 \bmod m$ oder r genüge der Bedingungskongruenz $A(x) \equiv 0 \bmod m$. Unsere Ergebnisse über simultane lineare Kongruenzen verwenden wir nun, um die Lösung von algebraischen Kongruenzen nach dem Modul m auf Kongruenzen nach den Primpotenzteilern von m zurückzuführen.

Es sei $m = p_1^{e_1} \cdots p_r^{e_r}$, $m_i = p_i^{e_i}$. Die Lösungen der Kongruenzen $A(x) \equiv 0 \bmod m_i$ seien bekannt, und es sei $x^{(i)} \bmod m_i$ eine Lösung von $A(x) \equiv 0 \bmod m_i$. Dann gibt es nach dem Hauptsatz über simultane Kongruenzen ein mod m eindeutig bestimmtes x^0, das die Kongruenzen $x^0 \equiv x^{(i)} \bmod m_i$ für alle i zugleich erfüllt. Dieses x^0 erfüllt alle Kongruenzen $A(x) \equiv 0 \bmod m_i$, also wegen $(m_i, m_k) = 1$ für $i \neq k$ auch die Kongruenz $A(x) \equiv 0 \bmod m$. Hat $A(x) \equiv 0$ (m_i) genau c_i mod m_i inkongruente Lösungen $x^{(i)}$, so lassen sich $c_1 c_2 \cdots c_r$ Lösungen x^0 der Kongruenz $A(x) \equiv 0 \bmod m$ aus ihnen aufbauen. Die $c_1 c_2 \cdots c_r$ Lösungen sind mod m inkongruent, da sie wenigstens nach einem m_i inkongruent sind. Umgekehrt liefert jede Lösung von $A(x) \equiv 0 \bmod m$, weil sie zugleich $A(x) \equiv 0 \bmod m_i$ erfüllt, für jedes i eine Lösung $x^{(i)}$. Es gibt daher keine weiteren Lösungen, insbesondere überhaupt keine, sobald nur eine Kongruenz $A(x) \equiv 0 \bmod m_i$ unlösbar ist. Wir haben:

Satz 37: *Alle Lösungen der Kongruenz* $A(x) \equiv 0 \bmod m$ *erhält man durch unabhängige Vereinigung der Lösungen nach den einzelnen Primpotenzteilern von m. Die Anzahl a(m) der endlich vielen* mod m *inkongruenten Lösungen ist eine multiplikative Funktion von m.*

Auch für gemeinsame Lösungen mehrerer Kongruenzen mod m ist die Anzahl multiplikativ. Hier wird die Durchführung einfacher, wenn man die Kongruenzen erst nach dem $p_i^{e_i}$ löst, die gemeinsamen Lösungen aussiebt und dann die Lösungen mod m vereinigt.

Wir behandeln als Beispiel die Lösung der Kongruenz

$$x^2 \equiv 1 \bmod m\,. \tag{51}$$

Für eine Lösung x mod p^e muß gelten

$$p^e \mid (x-1)(x+1)$$

Ist $p > 2$, so ist nicht zugleich $p \mid x-1$ und $p \mid x+1$; es muß also die volle Potenz p^e entweder in $x-1$ oder in $x+1$

aufgehen, d. h. es muß $x \equiv \pm 1 \bmod p^e$ sein, und das sind Lösungen.

Für $p = 2$ und $e = 1$ ist $x \equiv +1 \equiv -1 \bmod 2$ die einzige Lösung; bei $e = 2$ gibt es wieder die beiden Lösungen $x \equiv \pm 1 \bmod 4$. Bei $e \geqq 3$ kommen zu $x \equiv \pm 1 \bmod p^e$ noch neue Lösungen hinzu. Die Zahlen $x - 1$ und $x + 1$ sind zugleich gerade; jedoch ist nur eine von ihnen durch 4 teilbar. Diese eine muß daher gleich durch 2^{e-1} teilbar sein, und $x \pm 1 \equiv 0 \bmod 2^{e-1}$ genügt für $x^2 - 1 \equiv (x-1)(x+1) \equiv 0 \bmod 2^e$. Damit hat man für $e > 2$ in

$$x \equiv \pm 1, \pm 1 + 2^{e-1} \bmod 2^e$$

alle mod 2^e inkongruenten Lösungen. Man kann diese vier Lösungen zusammenfassen zu $x \equiv \pm 1 \bmod 2^{e-1}$. Für $e = 3, m = 8$ sind noch alle primen Reste 1, 3, 5, 7 Lösungen. Für $m = 16$ sind es nur noch die Reste 1, 7, 9, 15.

Für beliebiges m ist nun Satz 37 anzuwenden. Man erhält, wenn $m = 2^s p_1^{e_1} \dots p_r^{e_r}$, $e_i > 0$, $s \geqq 0$, als Lösungsanzahlen: $a(m) = 2^r$ für $s = 0, 1$; $a(m) = 2^{r+1}$ für $s = 2$; $a(m) = 2^{r+2}$ für $s > 2$.

Beispiele zu $x^2 \equiv 1 \bmod m$:

$m = 45$, $x \equiv \pm 1, \pm 19 (45)$, $a(45) = 4$.

$m = 120$, $x \equiv \pm 1, \pm 19 (30)$ [zusammengefaßt], $a(120) = 16$.

Wir wollen jetzt die Reduktion der Moduln bei algebraischen Kongruenzen weiterführen und die Lösung von $A(x) \equiv 0 \bmod p^e$, $e > 1$, *auf die Lösung* mod p^{e-1} *zurückführen.*

Jede Lösung r' von $A(x) \equiv 0 \bmod p^e$ ist Lösung von $A(x) \equiv 0 \bmod p^{e-1}$. Dabei können verschiedene Lösungen mod p^e in eine mod p^{e-1} zusammenfallen. Auf jeden Fall besteht bei $r' \equiv r \bmod p^{e-1}$ die Kongruenz

$$r' \equiv r + y p^{e-1} \bmod p^e \tag{52}$$

mit einem y, das mod p bestimmt ist. Sei nun umgekehrt r eine Lösung von $A(x) \equiv 0 \bmod p^{e-1}$. Dann ist

$$A(x) = (x - r) Q(x) + A(r) \text{ mit } p^{e-1} \mid A(r). \tag{53}$$

Für $A(r)$ gilt noch $A(r) \equiv a p^{e-1} \bmod p^e$ mit einem mod p

bestimmten a. Ersetzen wir nun x durch r' mod p^e, so wird aus (53)

$$A(r') \equiv (r' - r)\,Q(r') + A(r) \bmod p^e. \tag{54}$$

Wir versuchen jetzt y mod p in $r' \equiv r + yp^{e-1}$ mod p^e so zu bestimmen, daß $A(r') \equiv 0$ mod p^e wird. Zunächst ist $Q(r') \equiv Q(r)$ mod p, da $r' \equiv r$ mod p ist. Damit nimmt (54) die Form

$$A(r') \equiv yp^{e-1}\,Q(r) + ap^{e-1} \equiv (yQ(r) + a)\,p^{e-1} \bmod p^e$$

mit einem gewissen a mod p an. Jetzt müssen zwei Fälle unterschieden werden:

Entweder ist $Q(r) \not\equiv 0$ mod p und es gibt genau ein y mod p, so daß $yQ(r) + a \equiv 0$ mod p ist. Dann gibt es zu jeder Lösung r von $A(x) \equiv 0$ mod p^{e-1} genau eine Lösung r' von $A(x) \equiv 0$ mod p^e. Der Zusammenhang von r' und r wird durch (52) gegeben.

Oder es ist $Q(r) \equiv 0$ mod p. Dann wird die Kongruenz $yQ(r) + a \equiv 0$ mod p durch kein y mod p befriedigt, wenn $a \not\equiv 0\ (p)$ ist, oder durch alle y mod p, wenn $a \equiv 0\ (p)$ ist. In diesem zweiten Fall gibt es zu einer Lösung r von $A(x) \equiv 0$ mod p^{e-1} keine Lösung oder p Lösungen von $A(x) \equiv 0$ mod p^e.

Entscheidend für das eindeutige Aufsteigen von einer Lösung r mod p^{e-1} zu einer Lösung r' mod p^e ist die Bedingung $Q(r) \not\equiv 0$ mod p. Man sagt in diesem Fall, r sei eine einfache Lösung von $A(x) \equiv 0$ mod p, während man bei $Q(r) \equiv 0$ mod p von einer mehrfachen Lösung spricht. Von den einzelnen Kongruenzwurzeln mod p zu denen mod p^e in $e-1$ Schritten aufsteigend, erhält man insgesamt:

Satz 38: *Sind $r_1, \ldots, r_k$ sämtliche Kongruenzwurzeln von $A(x) \equiv 0$ mod p und alle einfach, ist also*

$$A(x) \equiv (x - r_1)(x - r_2) \ldots (x - r_k)\,Q(x) \bmod p$$

mit $Q(r) \not\equiv 0\ (p)$ für alle r mod p, so gibt es auch genau k Lösungen mod p^e.

Ist allgemein r_i eine einfache, r_j eine mehrfache Wurzel mod p, ist also $Q(r_i) \not\equiv 0$, $Q(r_j) \equiv 0$ mod p, so hat $A(x) \equiv 0$

mod p^e *genau eine Wurzel, die* $\equiv r_i$ mod p *ist, dagegen keine Wurzel, die* $\equiv r_j$ mod p *ist, oder Scharen von je* p *Wurzeln, die demselben Rest* mod p^{e-1} *kongruent sind.*

Beispiel ($p = 3$):

1. $x^2 + 11 \equiv 0$ mod 3^e. Zwei einfache Wurzeln $x \equiv \pm 1, 4, 4, 31, 31, 274 \ldots$ mod $3, 9, 27, 81, 243, 729, \ldots$.

2. $x^2 + x + 1 \equiv 0(3^e)$. Eine mehrfache Wurzel $+1$ mod 3, schon keine Wurzel mod 9.

3. $x^3 - 19 \equiv 0(3^e)$. Mehrfache Wurzel:
$x \equiv \underline{1}$ mod 3; $1, 4, \underline{7}$ mod 9; $\underline{7}, 16, 25$ mod 27; ...
Die unterstrichenen Lösungen sind diejenigen, aus denen die Lösungen der höheren Potenz hervorgehen.

4. $x(x-1)(x-4) \equiv 0\ (3^e)$. Eine einfache Wurzel 0 mod 3^e; eine mehrfache Wurzel $x \equiv \underline{1}$ mod 3; $\underline{1}, \underline{4}, 7$ mod 9; $\underline{1}, \underline{4}, 10, 13, 19, 22$ mod 27; $\underline{1}, \underline{4}, 28, 31, 55, 58$ mod 81; ....

Wie die Beispiele 3, 4 zeigen, kann von zwei Lösungen mod p^{e-1}, die aus einer mehrfachen Wurzel mod p hervorgehen, sehr wohl die eine ohne die andere Lösung mod p^e sein.

§ 16. Der Fermatsche Satz

Wir kommen nun zu dem Satz der Kongruenzlehre, der für fast alle weiteren Ergebnisse grundlegend ist, dem Fermatschen Satz:

Satz 39: *Für jede Primzahl* p *und jeden Rest* x mod p *gilt die Kongruenz*

(55) $$x^p \equiv x \bmod p.$$

Daraus folgt sofort: Für jeden zu p teilerfremden Rest r gilt

(56) $$r^{p-1} \equiv 1 \bmod p.$$

Umgekehrt hat (56) die Kongruenz (55) zu Folge.

Dieser von Fermat (1601—1665) aufgestellte und bewiesene Satz wird oft der „kleine Fermat" genannt; dagegen wird als „großer Fermat" die von Fermat aufgestellte, immer noch unbewiesene Behauptung bezeichnet, daß $x^n + y^n = z^n$ für $n > 2$ in ganzen Zahlen x, y, z unlösbar sei. Für einzelne n ist der Beweis gelungen, oft mit großen

Schwierigkeiten; für $n = 4$ vgl. § 19. An Wichtigkeit ist der große Fermat dem kleinen Fermat weit unterlegen.

Um den Fermatschen Satz zu beweisen, beachte man, daß allgemein

$$(57) \qquad (x + y)^p \equiv x^p + y^p \bmod p$$

für Zahlen, Variable und Polynome x, y gilt. Denn in der Binomialentwicklung von $(x + y)^p$ hat $x^{p-i}y^i$ für $i = 1, 2, \ldots, p-1$ den Koeffizienten

$$\binom{p}{i} = \frac{p(p-1)\ldots(p-i+1)}{1 \cdot 2 \ldots i};$$

dieser ist $\equiv 0 \bmod p$, da alle Faktoren im Nenner $< p$ sind und deshalb das p im Zähler nicht durch Kürzen fortfallen kann. Für $y = 1$ gilt also bei beliebigem Rest x die Kongruenz

$$(x + 1)^p \equiv x^p + 1 \bmod p.$$

Aus ihr folgt $(x + 1)^p \equiv x + 1 \bmod p$ unter der Voraussetzung $x^p \equiv x \bmod p$, die für $x = 0$ zutrifft. Wir haben damit für (55) einen Beweis durch Induktion, deren Anwendung auf ein vollständiges Restsystem mod p beschränkt werden darf.

Ein anderer Beweis liefert zugleich den allgemeineren Eulerschen Satz:

Satz 40: *Für jeden zum Modul m teilerfremden Rest r gilt*

$$(58) \qquad r^{\varphi(m)} \equiv 1 \bmod m.$$

Dabei ist $\varphi(m)$ wieder die Eulersche Funktion, welche die Anzahl der zu m teilerfremden Restklassen mod m angibt.

Beweis: Sei $r_1, r_2, \ldots, r_\varphi$ ein primes Restsystem mod m und r einer dieser Reste, dann ist

$$(59) \qquad rr_1 rr_2 \cdots rr_\varphi \equiv r_1 r_2 \cdots r_\varphi \bmod m.$$

Denn mit r_i durchläuft auch rr_i ein primes Restsystem mod m, da $rx \equiv r_n \bmod m$ wegen $(r, m) = 1$ genau eine Lösung $x \equiv r_i(m)$, $(r_i, m) = 1$ hat. Also ist nach (59)

$$r^{\varphi(m)} \cdot r_1 \ldots r_\varphi \equiv r_1 \ldots r_\varphi \bmod m$$

und das liefert (58).

Eine unmittelbare Folge von Satz 40 ist, daß die Ordnung h eines teilerfremden Restes r ein Teiler von $\varphi(m)$ ist, da $\varphi(m)$ unter der Exponentenreihe (49) vorkommt. Ebenfalls ist die kleinste Zahl $\psi(m)$, für die alle teilerfremden Reste die Kongruenz $r^{\psi(m)} \equiv 1 \bmod m$ erfüllen, als kl. g. V. der Ordnungen von r_1 bis r_φ ein Teiler von $\varphi(m)$. Es fragt sich, für welche m der kleinste Exponent $\psi(m)$ ein echter Teiler von $\varphi(m)$ ist, so daß (58) verschärft werden kann, und wann $\psi(m) = \varphi(m)$ ist. Vor allem gilt da

Satz 41: *Ist $m = q_1 \cdots q_s$ die Primpotenzzerlegung von m und $\psi(m)$ der kleinste Exponent mit $r^{\psi(m)} \equiv 1\ (m)$ für alle teilerfremden r, so ist $\psi(m)$ gleich dem kl. g. V. der $\psi(q_i)$:*

(60) $$\psi(m) = [\psi(q_1), \ldots, \psi(q_s)]$$

Ist nämlich v durch alle $\psi(q_i)$ teilbar, so ist $x^v \equiv 1 \bmod q_i\ (i = 1, \ldots, s)$, also auch $x^v \equiv 1 \bmod m$ für alle x mit $(x, m) = 1$, und umgekehrt.

Jetzt schließt man sofort, daß $\psi(m)$ echter Teiler von $\varphi(m)$ ist, sobald mehrere $q_i > 2$ sind. Denn $\psi(m)$ ist nach (60) wegen $\psi(q) \mid \varphi(q)$ ein Teiler von $[\varphi(q_1), \ldots, \varphi(q_s)]$ und dies ein Teiler von $\frac{1}{2} \Pi\ \varphi(q_\iota) = \frac{1}{2} \varphi(m)$, weil $\varphi(q_1)$ und $\varphi(q_2)$ gerade sind, wenn $q_1, q_2 > 2$ sind.

Auch für $m = 2^e, e \geqq 3$, ist $\psi(m) \mid \frac{1}{2} \varphi(m)$. Denn nach unsern Bemerkungen zu (51) ist $x^2 \equiv 1\ (8)$ und dann $x^4 \equiv 1\ (16)$ und schließlich $x^{2^{e-2}} \equiv 1 \bmod 2^e$, weil allgemein aus $z \equiv 1 \bmod 2^{s-1}$ die Kongruenz $z^2 \equiv 1 \bmod 2^s$ folgt. Wegen $\varphi(2^e) = 2^{e-1}$ gilt also $\psi(2^e) \mid \frac{1}{2} \varphi(2^e)$.

Es gilt für $e \geqq 3$ sogar die Gleichung $\psi(2^e) = \frac{1}{2} \varphi(2^e)$. Dazu zeigen wir, daß 5 mod 2^e die Ordnung 2^{e-2} hat. Es ist nämlich $5^{2^{\alpha-3}} = 1 + u\, 2^{\alpha-1}$ mit ungeradem u richtig für $\alpha = 3$; aus der Richtigkeit für α folgt durch Quadrieren: $5^{2^{\alpha-2}} = 1 + u\, 2^\alpha + u^2\, 2^{2\alpha-2} = 1 + u(1 + u\, 2^{\alpha-2})\, 2^\alpha = 1 + u'\, 2^\alpha$ mit ungeradem u', also die Richtigkeit für alle $\alpha \geqq 3$. Aus $5^{2^{e-3}} = 1 + u\, 2^{e-1}$ folgt $5^{2^{e-3}} \not\equiv 1 \bmod 2^e$.

Für $e = 0, 1, 2$ ist $\psi(2^e) = \varphi(2^e)$.

Für ungerade Primpotenzen q werden wir in § 17 zeigen, daß $\psi(q) = \varphi(q)$ ist. Dann gilt

(61) $\psi(m) = [\psi(2^e), \varphi(q'), \varphi(q''), \ldots]$

bei $m = 2^e q' q'' \ldots, e \geqq 0$.

Es ist $\psi = 1,\ 2,\ 4,\ 6,\ 8,\ 10,\ 12,\ 16$
noch für $m = 2,\ 24,\ 240,\ 504,\ 480,\ 264,\ 65520,\ 16320$.

Wir werden bald (S. 63) sehen, daß es immer einen Rest der Ordnung $\psi(m)$ gibt, der dann für den Fall $\psi = \varphi$ alle teilerfremden Reste durch seine Potenzen darstellt.

Anwendung des Fermatschen Satzes auf periodische Dezimalbrüche.

Ohne auf die Entstehung der unendlichen Dezimalbrüche näher einzugehen, stellen wir fest: Der periodische Dezimalbruch

$$\alpha = 0, c_1 c_2 \ldots c_k \overline{a_1 a_2 \ldots a_n} \tag{62}$$

mit Ziffern c und a von 0 bis 9 und der immer wiederkehrenden Folge $a_1, \ldots, a_n$ stellt den Bruch

$$\frac{c_1 c_2 \ldots c_k}{10^k} + \frac{a_1 a_2 \ldots a_n}{10^k (10^n - 1)} \tag{63}$$

mit im Dezimalsystem geschriebenen Zähler dar, und es wird $10^k(10^n - 1)\alpha$ eine ganze Zahl. Der Dezimalbruch (62) stellt einen echten Bruch dar, wenn nicht hinter dem Komma lauter Ziffern 9 stehen. — Umgekehrt ist jeder echte Bruch durch einen Dezimalbruch (62) darstellbar. Denn zunächst ist $\alpha = \frac{s}{t}$ mit ganzen s, t und $s < t$, $(s, t) = 1$. Ist nun $t = 2^{k_1} 5^{k_2} m$ mit $(m, 10) = 1$ und $\max(k_1, k_2) = k$, so ist $\alpha = \frac{s}{2^{k_1} 5^{k_2} m} = \frac{2^{k-k_1} 5^{k-k_2} s}{10^k m} = \frac{l}{10^k m}$ mit $(m, l) = (m, 10) = 1$, $l < 10^k m$ und $l \not\equiv 0\ (10)$, wenn $k > 0$. Die Zahlen k, l, m einer solchen Darstellung sind durch α eindeutig bestimmt. Ist nun n die Ordnung von 10 mod m, so ist $m \mid 10^n - 1$ und

$$10^k \alpha = \frac{l}{m} = \frac{l_1}{10^n - 1} = c_1 c_2 \ldots c_k + \frac{a_1 a_2 \ldots a_n}{10^n - 1};$$

damit ist α in obiger Form darstellbar. Dabei fängt die Periode nicht etwa schon früher an; es ist also, falls es überhaupt ein c_k gibt, $c_k \neq a_n$. Denn sonst könnte im Nenner von α das k durch $k - 1$ ersetzt werden, entgegen $l \not\equiv 0\ (10)$ bei $k > 0$. Auch ist die Periodenlänge wirklich gleich n; es liegt also keine mehrfache Wiederholung einer kürzeren Periode etwa der Länge h vor;

denn dann wäre bereits $10^k(10^h-1)\alpha = \frac{l\,(10^h-1)}{m}$ ganz, und es folgte $m \mid 10^h - 1$ wegen $(m, l) = 1$, während doch n die kleinste Zahl mit $m \mid 10^n - 1$ ist.

Nach dem Fermatschen Satz ist n ein Teiler von $\varphi(m)$. Es ist $n = \varphi(m)$ z. B. für die Potenzen von 7, 17, 19. Es wird

$n = 1$ für $m = 3, 9$; $n = 2$ für $m = 11$; $n = 3$ für 27, 37;
4 für 101; 5 für 41, 271; 6 für 7, 13.

Daraus folgt z. B. $n = 12$ für $1 : 2727$ und $n = 6$ für $1 : 481$. Das sieht man, wenn man die Überlegungen, die zu Satz 41 führten, für eine einzelne Restklasse anstellt.

Benutzt man zur Darstellung einer Zahl nicht das dekadische System, sondern eins mit einer von 10 verschiedenen Grundzahl, so gelten entsprechende Sätze.

§ 17. Primitivwurzeln. Restklassengruppe

Primitivrest oder Primitivwurzel mod m heißt ein Rest v, wenn seine Potenzen alle teilerfremden Reste mod m darstellen. Kennzeichen dafür ist, daß er mod m die Ordnung $\varphi(m)$ hat.

Es gibt nicht zu jedem Modul m einen Primitivrest. Denn, wie wir gezeigt haben, gibt es zu $m = 2^e$, $e \geqq 3$ und $m = p_1 p_2$ mit $p_1, p_2 > 2$ keinen Rest der Ordnung $\varphi(m)$. Dagegen werden wir für ungerade Primpotenzmoduln die Existenz von Primitivwurzeln nachweisen und ihre Anzahl bestimmen.

Satz 42: *Es gibt $\varphi(p-1)$ Primitivwurzeln* mod p.

Beweis: Das Polynom $x^{p-1} - 1$ zerfällt mod p linear,

(64) $$x^{p-1} - 1 \equiv (x-1)(x-2)\ldots(x-(p-1)) \bmod p.$$

Denn nach dem Fermatschen Satz hat $x^{p-1} - 1$ die Wurzeln $1, 2, \ldots, p-1$ und nach einer Folgerung von Satz 34 keine weiteren. Sei nun $f(t)$ die Anzahl der Reste mod p, welche die Ordnung t besitzen. Dann ist $F(d) = \sum_{t|d} f(t)$ die Anzahl der Wurzeln von $x^d - 1 \equiv 0\,(p)$. Für $d \mid p-1$ ist $F(d) = d$. Da nämlich $x^{p-1} - 1$ linear zerfällt und $x^d - 1 \mid x^{p-1} - 1$, zerfällt nach Satz 35 auch $x^d - 1$ linear, hat also d Wurzeln mod p. Aus $F(d) = \sum_{t|d} f(t)$ folgt nach (29), der Möbiusschen Umkehrformel, $f(d) = \sum_{t|d} \mu(t) F\left(\frac{d}{t}\right)$, und zwar für jedes d. Gilt aber $d|p-1$, also auch $\frac{d}{t} \Big| p-1$ für die Teiler t von d, so ist $F\left(\frac{d}{t}\right) = \frac{d}{t}$ und $f(d) = \sum_{t|d} \mu(t) \frac{d}{t}$, und nach (30) ist damit $f(d) = \varphi(d)$. Insbesondere ist $f(p-1) = \varphi(p-1)$ die Anzahl der Primitivwurzeln mod p.

Man beachte: Es ist $f(t) = \varphi(t)$ nur, wenn $t|p-1$, sonst ist $f(t) = 0$; daher ist allgemein $F(n) = F((n, p-1)) = (n, p-1)$. — Setzt man $x = 0$ in (64), so erscheint von neuem der Wilsonsche Satz.

Satz 43: *Zu jedem ungeraden Primpotenzmodul p^e, $e \geqq 2$, gibt es*

$$\varphi(\varphi(p^e)) = \varphi(p-1) \cdot (p-1)\, p^{e-2}$$

Primitivwurzeln, und zwar sind es für alle $e \geqq 2$ diejenigen Reste, die mod p *Primitivwurzeln sind, aber nicht der Kongruenz $x^{p-1} \equiv 1$* mod p^2 *genügen.*

Wir beweisen diesen Satz zunächst für $e = 2$. Wenn v ein Primitivrest mod p^2 ist, ist er es auch mod p. Sei nun w ein Primitivrest mod p, so wollen wir die Zahlen $w + yp$, $y = 0, 1, \ldots, p-1$, oder, was auf dasselbe hinauskommt, die Zahlen $w(1 + yp)$ auf ihre Ordnung mod p^2 hin untersuchen. Genau eines unter den $w(1 + yp)$ erfüllt die Kongruenz $x^{p-1} - 1 \equiv 0$ mod p^2, wie Satz 38 liefert; unmittelbar folgt es so: Für den Primitivrest w mod p ist $w^{p-1} = 1 + ap$ und

$$w^{p-1}(1 + y\,p)^{p-1} = (1 + a\,p)(1 + (p-1)\,y\,p + zp^2) \equiv 1 + (a - y)\,p \bmod p^2; \tag{65}$$

$w(1 + yp)$ besitzt also für $a \equiv y$ mod p die Ordnung $p - 1$ und ist daher keine Primitivwurzel mod p^2. Die übrigen $v = w(1 + yp)$ sind wirklich Primitivwurzeln mod p^2. Das kleinste $h > 0$ mit $v^h \equiv 1\ (p^2)$ hat nämlich die Form $h = l\,(p-1)$, da $v \equiv w(p)$ Primitivwurzel mod p ist. Nun folgt aus (65) durch Potenzieren

(66) $$v^{(p-1)l} \equiv 1 + l\,(a - y)\,p \bmod p^2$$

und das ist bei $a \not\equiv y(p)$ erst für $l = p$ kongruent 1 mod p^2; diese v haben also die Ordnung $(p-1)\,p = \varphi(p^2)$. Jede der $\varphi(p-1)$ Primitivwurzeln mod p führt zu $p-1$ Primitivwurzeln mod p^2, die alle mod p^2 inkongruent sind, womit auch die Aussage über die Anzahl bewiesen ist.

Mod p^e bleibt bei p, $e > 2$ jede Zahl v Primitivrest, die es mod p^2 ist. Zunächst gilt nämlich für $s \geqq 1$ bei beliebigem z

(67) $$(1 + zp^s)^p = 1 + zp^{s+1} + yp^{2s+1}$$
$$= 1 + z_1 p^{s+1} \text{ mit } z_1 \equiv z \bmod p.$$

Sei v nun eine Primitivwurzel mod p^2. Wir zeigen: Die Ordnung h von v mod p^e ist $(p-1)\,p^{e-1} = \varphi\,(p^e)$. Aus $v^h \equiv 1$ (p^e) folgen die Beziehungen $p - 1 \mid h$, weil v auch Primitivwurzel mod p ist, und $h \mid (p-1)\,p^{e-1}$, weil h ein Teiler von $\varphi(p^e) = (p-1)\,p^{e-1}$ ist. Es genügt daher, zur Bestimmung der Ordnung festzustellen, für welches minimale f die Kongruenz $v^{(p-1)p^f} \equiv 1$ mod p^e besteht. Nun ist $v^{p-1} = 1 + ap$; also gilt nach (67) die Gleichung $v^{(p-1)p} = 1 + a_1 p^2$ mit $a_1 \equiv a\,(p)$, dann $v^{(p-1)p^2} = 1 + a_2 p^3$ mit $a_2 \equiv a_1 \equiv a(p)$ und schließlich $v^{(p-1)p^{e-2}} = 1 + a'\,p^{e-1}$ mit $a' \equiv a\,(p)$. Daraus folgt die Kongruenz $v^{(p-1)p^{e-2}} \equiv 1 + ap^{e-1}$ mod p^e. Hier ist $(a, p) = 1$, weil v Primitivwurzel mod p^2 ist, und daher ist $v^{(p-1)p^{e-2}} \not\equiv 1$ mod p^e. Es ist also erst $v^{(p-1)p^{e-1}} \equiv 1\,(p^e)$. Die Zahl v hat mod p^e die Ordnung $(p-1)\,p^{e-1} = \varphi\,(p^e)$, ist also Primitivwurzel mod p^e. Da jede Restklasse mod p^n in p verschiedene Restklassen mod p^{n+1} zerfällt, folgt auch unsere Behauptung über die Anzahl.

Satz 44: *Zum Modul* $2^e, e \geqq 3$, *gibt es keine Primitivwurzel. Dagegen gilt für jeden teilerfremden Rest r eine Kongruenz*

$$r \equiv (-1)^\alpha\, 5^\beta \bmod 2^e.$$

Dabei sind α mod 2 *und* β mod 2^{e-2} *eindeutig bestimmt.*

Wir wissen schon, daß es keine Primitivwurzel gibt und daß 5 mod 2^e ein Element der höchsten Ordnung $\frac{1}{2}\,\varphi(2^e)$ ist und damit die Hälfte der teilerfremden Reste liefert. (Vgl. S. 58.) Unter ihnen befindet sich nicht -1. Denn es ist schon $5^i \not\equiv -1$ (4). Die $\varphi(2^e)$ Reste $\pm 5^i, i = 1, \ldots, 2^{e-2}$, sind einander inkongruent. Das ergibt die Behauptung.

Für $e = 2$ ist -1 Primitivwurzel, für $e = 1$ ist es 1.

Man beweise:

1. Die Wurzeln der Kongruenz $x^{p-1} - 1 \equiv 0\,(p^e)$ sind $r^{p^{e-1}}$, wo r ein reduziertes Restsystem mod p durchläuft.

2. Mod p^e, $e > 1$, stimmen $x^{\varphi(p^e)} - 1$ und das Produkt seiner Linearfaktoren nicht mehr überein.

Jetzt läßt sich für den Modul $m = 2^e q_1 \cdots q_s$ mit den ungeraden Primpotenzen q_i leicht ein Rest der Ordnung $\psi(m) = [\psi(2^e), \varphi(q_1), \ldots, \varphi(q_s)]$ bestätigen: Für den Modul 2^e, $e \geqq 3$, hat 5 diese Eigenschaft, für die Moduln q_i jeder Primitivrest v_i. Die Simultanlösung v von

$$v \equiv 5\,(2^e),\; v \equiv v_1\,(q_1), \ldots, v \equiv v_s\,(q_s)$$

hat die Ordnung $\psi(m)$ mod m; denn $v^h \equiv 1$ mod $2^e \Pi q_i$ erfordert $\psi(2^e) | h$, $\varphi(q_i) | h$, und es ist auch $v^{\psi(m)} \equiv 1$ mod m.

Wichtiger ist folgende Anwendung simultaner Kongruenzen auf Primitivwurzeln:

Es sei $m = 2^e q_1 \ldots q_s$ und r ein teilerfremder Rest mod m. Dann sind die Systeme von je zwei simultanen Kongruenzen

$$(68) \qquad \begin{aligned} r_0 &\equiv r \bmod 2^e,\; r_0 \equiv 1 \bmod q_1 \cdots q_s; \\ r_i &\equiv r \bmod q_i,\; r_i \equiv 1 \bmod m : q_i \end{aligned}$$

lösbar, da die beiden Moduln jeweils teilerfremd sind. Mit diesen r_0, r_i ist

$$r \equiv r_0 r_1 \cdots r_s \bmod m.$$

Nun sei v_i ein Primitivrest mod q_i, der die Kongruenz $v_i \equiv 1$ mod $m : q_i$ erfüllt. Einen solchen gibt es wegen $(q_i, m : q_i) = 1$. Dann ist

$$r_i \equiv v_i^{c_i} \bmod m;\; c_i \bmod \varphi(q_i).$$

Für die Darstellung von r_0 wählen wir bei $e \geqq 3$ einen Rest $v_0 \equiv 5 \bmod 2^e$ und $\equiv 1 \bmod q_1 \ldots q_s$ und einen Rest $v_{-1} \equiv -1\,(2^e)$ und $\equiv 1\,(q_1 \ldots q_s)$. Dann ist

$$r_0 \equiv v_{-1}^c v_0^{c_0} \bmod m;\; c \bmod 2,\; c_0 \bmod 2^{e-2},\; e \geqq 3.$$

Die Zusammenfassung unserer Ergebnisse gibt

Satz 45: *Jeder zu* $m = 2^e q_1 \ldots q_s$, $e \geqq 3$, *teilerfremde Rest* r *ist darstellbar in der Form*

$$r \equiv v_{-1}^{c}\, v_0^{c_0}\, v_1^{c_1} \ldots v_s^{c_s} \bmod m \tag{69}$$

mit Hilfe der „Basis" $v_{-1} v_0, v_1, \ldots, v_s$. *Dabei ist* v_i, $i = 1, \ldots, s$, *Primitivwurzel* mod q_i *mit der Eigenschaft* $v_i \equiv 1$ mod $m : q_i$, $v_0 \equiv 5 \bmod 2^e$, $\equiv 1 \bmod q_1 \ldots q_s$ und $v_{-1} \equiv -1$ (2^e), $\equiv 1\,(q_1 \ldots q_s)$. *Die zur Darstellung* (69) *verwandten Exponenten* c *sind eindeutig* mod 2, *die* c_0 *eindeutig* mod 2^{e-2}, *die weiteren* c_i *eindeutig* mod $\varphi(q_i)$.

Für $e = 2$ *fällt* v_0 *aus der Basis heraus, für* $e = 0, 1$ *auch noch* v_{-1}.

Die Kongruenz (69) gibt die Zerlegung der primen Restklassengruppe mod m in das direkte Produkt der primen Restklassengruppe nach den Primpotenzteilern von m.

Der Fall der eingliedrigen Basis ist durch die Existenz einer Primitivwurzel ausgezeichnet; (69) geht über in

$$r \equiv v^c, \ 0 \leqq c < \varphi(m)\,. \tag{70}$$

In diesem Fall spricht man von einer zyklischen Gruppe. Man nennt bei fester Basis v den Exponenten c auch den *Index* von r mod m und schreibt $c = \operatorname{ind} r$. Indextafeln sind für Kongruenzrechnungen oft wertvoll. Wir stellen hier je eine mod 7, 9, 13 auf:

$m = 7$	r:	1	2	3	4	5	6
$v = 3$	c:	0	2	1	4	5	3;

$m = 9$	r:	1	2	4	5	7	8
$v = 2$	c:	0	1	2	5	4	3;

$m = 13$	r:	1	2	3	4	5	6	7	8	9	10	11	12
$v = 2$	c:	0	1	4	2	9	5	11	3	8	10	7	6.

§ 18. Potenzreste

Ein zu m teilerfremder Rest a heißt n-ter Potenzrest mod m, wenn die Kongruenz

$$x^n \equiv a \bmod m \tag{71}$$

lösbar ist, also lösbar mit einem zu m teilerfremden x. Die teilerfremden Reste stehen gerade hier so im Vordergrund, daß nur auf diese die Bezeichnung „n-ter Potenzrest" angewandt wird. In diesem Paragraphen ist immer $(a, m) = 1$.

Die Frage nach der Lösbarkeit und der Anzahl der Lösungen von $x^n \equiv a(m)$ läßt sich auf den Fall des Primpotenzmoduls q zurückführen, da diese Kongruenz für $m = q_1 \cdots q_s$ gleichwertig ist mit dem System von Kongruenzen

$$x^n \equiv a \bmod q_1, \ldots, x^n \equiv a \bmod q_s.$$

Außerdem beachten wir, daß aus der Lösbarkeit von $x^{(n,\varphi)} \equiv a \bmod m$, $\varphi = \varphi(m)$, die Lösbarkeit von $x^n \equiv a \bmod m$ folgt. Wegen $(n, \varphi) = cn + k\varphi$ ist nämlich mit $x_1^{(n,\varphi)} \equiv a\ (m)$ auch $x_1^{(n,\varphi)} \equiv x_1^{cn+k\varphi} \equiv (x_1^c)^n \equiv a \bmod m$. (Da der Exponent nur mod $\varphi(m)$ in Betracht kommt, kann c positiv gewählt werden, was an sich ganz unwichtig ist.) Die Umkehrung ist klar. *Bei $(n, \varphi) = 1$ ist also jede zu m teilerfremde Zahl n-ter Potenzrest*, und eigentlich inhaltsvoll ist die Frage nach der Lösbarkeit nur für den Fall $n \mid \varphi(m)$. Wir setzen demnach voraus: $m = q$ sei die Potenz einer Primzahl und n sei ein Teiler von $\varphi(m)$.

Nun gilt für einen ungeraden Primpotenzmodul das allgemeine Eulersche Kriterium:

Satz 46: *Bei $q = p^e$, $p > 2$, $n \mid \varphi(q)$ ist die Kongruenz $x^n \equiv a \bmod q$ genau dann lösbar, wenn*

$$a^{\frac{\varphi(q)}{n}} \equiv 1 \bmod q \tag{72}$$

ist, und dann ist die Anzahl der Lösungen mod q *gleich n.*

Zunächst folgt aus der Lösbarkeit von $x^n \equiv a$ durch Potenzieren mit dem Exponenten $\frac{\varphi(q)}{n}$ die Kongruenz (72).

Zum Beweis der Umkehrung benutzen wir die Existenz einer Primitivwurzel mod q und schließen mit Hilfe der Indexrechnung:

$a^{\frac{\varphi(q)}{n}} \equiv 1(q)$ ist gleichbedeutend mit $\frac{\varphi(q)}{n} \operatorname{ind} a \equiv 0 \bmod \varphi(q)$ und dies mit $\operatorname{ind} a \equiv 0 \bmod n$, und das heißt, mit v als

Primitivrest, $a \equiv v^{nl} \equiv (v^l)^n \bmod q$. Damit ist die Ansage über die Lösbarkeit bewiesen.

Daß die Anzahl der Lösungen von $x^n \equiv a(q)$ gleich n ist, falls es überhaupt eine Lösung gibt, folgt so: Der Quotient zweier Lösungen von $x^n \equiv a(q)$ ist eine Lösung von $x^n \equiv 1(q)$, und alle Lösungen von $x^n \equiv a(q)$ erhält man aus einer durch Multiplikation mit allen Lösungen von $x^n \equiv 1(q)$. Für die letzteren ist

$$n \text{ ind } x \equiv 0 \bmod \varphi(q)$$

zu erfüllen oder $\text{ind } x \equiv 0 \bmod \frac{\varphi(q)}{n}$. Das gibt für ind x gerade n Möglichkeiten.

Satz 47: *Bei $q = 2^e, e \geqq 3, n \mid \frac{1}{2}\varphi(2^e)$ und $n > 1$ ist die Kongruenz $x^n \equiv a \bmod 2^e$ genau dann lösbar, wenn*

$$a^{\frac{\varphi(2^e)}{2n}} \equiv 1 \bmod 2^e \text{ und } a \equiv 1 \bmod 4 \tag{73}$$

ist, und dann ist die Anzahl der Lösungen mod 2^e *gleich* $2n$.

Da in der Darstellung $a \equiv (-1)^c v_0^{c_0} \bmod 2^e$ (mit $v_{-1} = -1$) die Exponenten $c \bmod 2$ und $c_0 \bmod \frac{1}{2}\varphi(2^e)$ bestimmt sind, folgt aus (73)

$$\frac{\varphi(2^e)}{2n} c_0 \equiv 0 \bmod \tfrac{1}{2}\varphi(2^e) \text{ und } a \equiv 1 \bmod 4$$

und umgekehrt. Die erste dieser Kongruenzen ist gleichwertig mit $c_0 \equiv 0 \bmod n$ und die zweite mit $c \equiv 0 \bmod 2$; also gilt $a \equiv v_0^{nl} \equiv (v_0^l)^n \bmod 2^e$. Umgekehrt folgen aus der Lösbarkeit von $x^n \equiv a \bmod 2^e$ bei geradem n die Kongruenzen (73). Die Anzahl der Lösungen ist im Lösungsfall wieder gleich der Anzahl der Lösungen von $x^n \equiv 1\,(2^e)$, und diese ist wegen $n \equiv 0\,(2)$ gleich $2n$.

Als Ergänzung zu Satz 47 beweisen wir

Satz 48: *Die Kongruenz $x^2 \equiv a(2^e)$, $e \geqq 3$, $a \equiv 1(2)$, ist genau dann lösbar, wenn $x^2 \equiv a\,(8)$ lösbar ist, wenn also $a \equiv 1\,(8)$ ist.*

Zunächst folgt aus der Lösbarkeit von $x^2 \equiv a(2^e)$ die Kongruenz $a \equiv 1(8)$. Die Umkehrung beweisen wir durch Induktion. Sei $x_0^2 \equiv a(2^e)$; dann wählen wir ein γ so, daß

$$(x_0 + \gamma\, 2^{e-1})^2 = x_0^2 + \gamma x_0\, 2^e + \gamma^2\, 2^{2e-2} \equiv a \bmod 2^{e+1}$$

wird. Das ist möglich, weil $\frac{x_0^2 - a}{2^e} + \gamma x_0 \equiv 0\ (2)$ lösbar und für $e \geqq 3$ auch $2^{2e-2} \equiv 0 \bmod 2^{e+1}$ ist. Daraus folgt die Behauptung.

Die n-ten Potenzreste mod m bilden eine Gruppe. Denn mit $a \equiv x^n$ und $b \equiv y^n$ ist $ab \equiv (xy)^n$ ein n-ter Potenzrest, und aus $(x^n)^{-1} \equiv (x^{-1})^n$ folgt, daß das Reziproke eines n-ten Potenzrestes wieder ein n-ter Potenzrest ist.

Die Sätze 46 und 47 geben eine Antwort auf die Frage nach den Potenzresten bei festem Modul. Die Frage, für welche Moduln eine gegebene Zahl n-ter Potenzrest ist, wird im 3. Kap. für $n = 2$ beantwortet.

§ 19. Darstellung durch Quadratsummen

Satz 49: *Jede natürliche Zahl ist als Summe von vier Quadraten darstellbar.*

Dem Beweis dieses so einfach zu formulierenden Satzes schicken wir einen Hilfssatz voraus: *Die Kongruenz*

(74) $$x^2 + y^2 \equiv -1 \bmod p$$

ist für jedes p lösbar. Denn unter den Zahlen $1^2, 2^2, \ldots, (p-1)^2$ befinden sich für $p > 2$ genau $\frac{p-1}{2}$, die mod p einander inkongruent sind. Aus $a^2 \equiv b^2\,(p)$ folgt nämlich $(a+b)(a-b) \equiv 0(p)$, also $a \equiv \pm b\,(p)$, und es ist bei diesen $a \not\equiv -a\,(p)$ für $a \not\equiv 0$ und $p > 2$. Damit gibt es $\frac{p-1}{2}$ teilerfremde, einander inkongruente Reste, die mod p ein Quadrat sind, und $\frac{p-1}{2}$, die es nicht sind. Unter den Resten $-x^2 - 1$, $x = 0, 1, \ldots, p-1$ befinden sich daher $\frac{p+1}{2}$ einander mod p inkongruente, unter ihnen 0 oder ein teilerfremdes y^2 mod p, da es nur $\frac{p-1}{2}$ teilerfremde Reste gibt, die kein Quadrat mod p sind. Die Kongruenz (74) ist also lösbar.

Es genügt, Satz 49 für Primzahlen zu beweisen. Denn das Produkt zweier Summen von vier Quadraten ist wieder als Summe von vier Quadraten darstellbar. Man bestätigt nämlich durch Ausrechnen

$$(75) \qquad (a^2 + b^2 + c^2 + d^2)(x^2 + y^2 + z^2 + w^2) = \\ = A^2 + B^2 + C^2 + D^2$$

mit $\begin{array}{l} A = ax + by + cz + dw;\ B = ay - bx - cw + dz; \\ C = az + bw - cx - dy;\ D = aw - bz + cy - dx. \end{array}$

Zu jeder Primzahl p gibt es nach (74) ein Vielfaches $mp = x^2 + y^2 + 1^2 + 0^2$. Setzt man dabei die Lösung von (74) mit $|x|, |y| \leqq \frac{1}{2}p$ an, so ist $m \leqq \frac{1}{2}p$. Wenn $m = 1$ ist, sind wir fertig.

Für die weitere Untersuchung des Falls $m > 1$ brauchen wir nur:

Zu jedem p gibt es ein $m \leqq \frac{1}{2}p$, so daß

$$(76) \qquad pm = x^2 + y^2 + z^2 + w^2$$

lösbar ist. Die Zahl m soll jetzt auf 1 herabgedrückt werden. Sei $a \equiv x(m)$ der kleinste Absolutrest von x mod m, entsprechend b, c, d für y, z, w, also $|a|, \ldots, |d| \leqq \frac{m}{2}$. Dann ist

$$pm = x^2 + y^2 + z^2 + w^2 \equiv a^2 + b^2 + c^2 + d^2 \equiv 0 \bmod m;$$
$$a^2 + b^2 + c^2 + d^2 = mm'.$$

Nach (75) gilt jetzt

$$pm^2 m' = (x^2 + y^2 + z^2 + w^2)(a^2 + b^2 + c^2 + d^2) = \\ = A^2 + B^2 + C^2 + D^2.$$

Setzt man für $A, \ldots, D$ die Ausdrücke aus (75) ein und beachtet $a \equiv x, \ldots, d \equiv w(m)$, so folgt $A \equiv \cdot\cdot \equiv D \equiv 0(m)$ und damit eine Darstellung von pm' als Summe von vier Quadraten. Für $m' = \dfrac{a^2 + b^2 + c^2 + d^2}{m}$ folgt aus $|a|, \ldots, |d| \leqq \frac{m}{2}$ jetzt $m' \leqq m$. Wenn $m' < m$ ist, haben wir für ein kleineres Multiplum von p eine Darstellung. Die Gleichung $m' = m$ gilt nun genau dann, wenn $|a|, \ldots, |d| = \frac{m}{2}$. Dann ist

$$2a \equiv \cdot\cdot \equiv 2d \equiv 2x \equiv \cdot\cdot \equiv 2w \equiv 0 \bmod m.$$

Aus der Darstellung von pm folgt jetzt $4pm = vm^2$, also $m \mid 4p$ und, da $(m, p) = 1$ ist, schließlich $m \mid 4$. Ist $m' = m = 4$, so sind alle Summanden in der Darstellung (76) für $4p$ durch 4 teilbar, woraus eine Darstellung für p folgt. Ist $m' = m = 2$, so folgt aus einer Darstellung für $2p$ eine solche für $4p = (1 + 1 + 0 + 0)\, 2p$ mit durch 4 teilbaren Summanden, also wieder eine für p. Zu jedem pm, $m > 1$, das als Summe von Quadraten dargestellt werden kann, gibt es ein pm', $m' < m$, mit derselben Eigenschaft.

Der Beweis ergibt, wenn eine Lösung von (74) bekannt ist, einen Darstellungsalgorithmus für p.

Beispiel: $p = 79$. $-1 \equiv 157 = 11^2 + 6^2$;
$11^2 + 6^2 + 1^2 + 0^2 = 2 \cdot 79$; $2 = 1^2 + 0^2 + 1^2 + 0^2$;
$4 \cdot 79 = 12^2 + 6^2 + 10^2 + 6^2$; $79 = 6^2 + 5^2 + 3^2 + 3^2$.

Die Zahl 79 braucht wie alle Zahlen der Form $8n + 7$ wirklich vier Quadrate zu ihrer Darstellung. Denn bei $x^2 + y^2 + z^2 + w^2 \equiv 7\,(8)$ müssen drei Quadrate ungerade sein und dann je $\equiv 1\,(8)$, und das vierte muß $\equiv 4\,(8)$, also $\neq 0$ sein. Ebenso sind für das Vierfache einer Zahl, die vier Quadrate zur Darstellung braucht, wieder vier Quadrate erforderlich. Wenn nämlich $4m$ durch drei Quadrate dargestellt werden kann, sind alle Summanden notwendig gerade, also auch durch 4 teilbar, und durch Wegheben von 4 entsteht eine Darstellung von m durch drei Quadrate. *Also brauchen alle Zahlen der Gestalt* $4^k(8n + 7)$ *vier Quadratsummanden.* Alle übrigen kommen mit drei Quadratsummanden aus; aber das ist nicht so leicht zu zeigen.

Satz 50: *Eine Primzahl p ist genau dann in der Form $p = x^2 + y^2$ darstellbar, wenn $z^2 \equiv -1 \bmod p$ lösbar ist.*

Beweis (ohne Verwendung des Vorigen): Sei e die kleinste Zahl mit $e^2 > p$. Ist $z^2 \equiv -1\,(p)$ lösbar, so ist eine Lösung nach Thue (Satz 29) als Bruch $\frac{x}{y}$ mit $0 < x, y < e$, also mit $x^2, y^2 \leqq (e-1)^2 < p$ darstellbar. Dann ist $x^2 + y^2 \equiv 0(p)$, also $x^2 + y^2 = mp$; wegen $0 < x^2, y^2 < p$ muß $m = 1$ sein. Umgekehrt folgt aus der Lösbarkeit von $p = x^2 + y^2$ die Lösbarkeit von $z^2 \equiv -1\,(p)$.

Nach der Kongruenz (30) des Wilsonschen Satzes ist $z^2 \equiv -1\ (p)$ für $p \equiv 1\ (4)$ lösbar. Nach Satz 50 ist sie für $p \equiv 3\ (4)$ nicht lösbar, da diese Primzahlen nicht als Summe von zwei Quadraten darstellbar sind. Daraus folgt

Satz 51: *Alle Primzahlen p der Form $4m+1$ und $p = 2$ und nur diese Primzahlen sind als Summen von zwei Quadraten darstellbar: $p = x^2 + y^2$.*

Wegen $(a^2 + b^2)(x^2 + y^2) = (ay - bx)^2 + (ax + by)^2$ ist mit zwei Zahlen auch ihr Produkt als Summe von zwei Quadraten darstellbar. Aus Satz 51 folgt deswegen, daß alle Zahlen, die nur die Primteiler 2 und solche der Form $4n+1$ besitzen, als Summe von zwei Quadraten darstellbar sind. Die Umkehrung trifft nicht zu: $9 = 3^2 + 0$ und $3 \neq 4n+1$; dagegen ist $9 \neq x^2 + y^2$ für $x \neq 0, y \neq 0$. Zur Klärung dieser Verhältnisse führen wir einen neuen Begriff ein.

Wir nennen die Darstellung einer natürlichen Zahl $m = x^2 + y^2$ *eigentlich*, wenn $(x, y) = 1$ ist, und sonst uneigentlich. Jetzt gilt:

Satz 52: *Die natürliche Zahl m mit der Primpotenzzerlegung $m = 2^e p_1^{e_1} \ldots p_s^{e_s}$ besitzt keine eigentliche Darstellung $m = x^2 + y^2$, wenn $e \geqq 2$ oder ein $p_i \equiv 3\ (4)$ ist. Sie besitzt 2^{s-1} verschiedene eigentliche Darstellungen, wenn $e = 0, 1$ ist und alle $p_i \equiv 1\ (4)$ sind.*

Sei $m = x^2 + y^2$ eine eigentliche Darstellung. Dann ist mit $(x, y) = 1$ auch $(x, m) = (y, m) = 1$, und wegen $x^2 + y^2 \equiv 0\ (p_i)$ ist $\left(\frac{x}{y}\right)^2 \equiv -1\ (p_i)$. Eine Zahl m mit einem Primteiler $p_i \equiv 3\ (4)$ besitzt also keine eigentliche Darstellung. Wenn $e \geqq 2$ ist, besitzt sie auch keine, da dann in $m = x^2 + y^2$ die Zahlen x, y gerade sind.

Sei nun zunächst $e = 0$ und $m = p_1^{e_1} \ldots p_s^{e_s}$ mit $p_i \equiv 1\ (4)$. Für p_1 gibt es eine Darstellung $p_1 = x^2 + y^2$; daß sie eigentlich ist, folgt aus $(x, y)^2 \mid p_1$. Wir konstruieren jetzt für $s > 1$ zu einer (notwendig eigentlichen) Darstellung von $t_i = p_1 \ldots p_i$, $i < s$ zwei verschiedene (wieder notwendig eigentliche) Darstellungen von $p_1 \ldots p_{i+1} = t_i p_{i+1}$. Es seien $t = t_i = a^2 + b^2$ und $p = p_{i+1} = x^2 + y^2$. Nun ist allgemein

(77) $$(a^2 + b^2)(x^2 + y^2) = (ay - bx)^2 + (ax + by)^2 = (ax - by)^2 + (ay + bx)^2.$$

Für unsere t, p sind $a, b, c, d \neq 0$; sie seien so gewählt, daß $a > b > 0, x > y > 0$ ist. Dann ist $(ax + by)^2$ größer als alle andern Quadrate in (77), und daher sind die beiden Darstellungen für tp verschieden. Es gelten, wie man sofort nachrechnet, folgende Kongruenzen:

(78) $$\frac{ax + by}{ay - bx} \equiv \frac{b}{a} \bmod t, \equiv \frac{x}{y} \bmod p,$$
$$\frac{ay + bx}{ax - by} \equiv \frac{b}{a} \bmod t, \equiv \frac{y}{x} \bmod p.$$

Die Quotienten der beiden Lösungen von $t \cdot p = X^2 + Y^2$, nämlich $\frac{X_1}{Y_1}$ und $\frac{X_2}{Y_2}$, sind mod t, aber nicht mod p kongruent ($p > 2$). Ausgehend von einer Darstellung $p_1 = x^2 + y^2$ gelangt man so zu 2^{s-1} Darstellungen für $P = p_1 p_2 \cdots p_s$. Wir zeigen, daß diese untereinander verschieden sind. Der Quotient $\frac{B}{A}$ mod P der Darstellungszahlen aus $P = A^2 + B^2$ ist Wurzel von $z^2 \equiv -1\ (P)$. Die 2^s Wurzeln dieser Kongruenz erhält man durch simultane Lösung von $z^2 \equiv -1\ (p_i)$, also in der Gestalt $z \equiv \pm j_i\ (p_i)$, wo j_i eine der Wurzeln von $z^2 \equiv -1\ (p_i)$. Für die eine Darstellung von $p_1 p_2$ ist dann nach (78) der Quotient der Darstellungszahlen $\equiv j_2(p_2)$, für die andern $\equiv -j_2(p_2)$. Mod p_1 sind die beiden Quotienten kongruent, etwa $\equiv + j_1(p_1)$. Treten nun in den Darstellungen von $p_1 p_2 \cdots p_\nu$ als Quotienten alle Kombinationen $\equiv j_1(p_1), \equiv \pm j_2(p_2), \equiv \pm j_3(p_3), \ldots \equiv \pm j_\nu(p_\nu)$ auf, so auch in den Darstellungen von $p_1 \ldots p_{\nu+1}$ wegen (78) alle Kombinationen $\equiv j_1(p_1), \equiv \pm j_2(p_2), \ldots, \equiv \pm j_{\nu+1}(p_{\nu+1})$. Die 2^{s-1} gewonnenen Darstellungen von P sind also verschieden, gehen auch nicht auseinander durch Vertauschen der beiden Darstellungszahlen hervor.

Aus einer Darstellung von P kann eine eigentliche Darstellung von $m = \Pi p_i^{e_i}$ gewonnen werden. Sei $v = a^2 + b^2$ eine eigentliche Darstellung, $p \mid v$ und $p = x^2 + y^2$; die Zahlen

x, y seien so gewählt, daß $\frac{x}{y} \equiv \frac{b}{a}\,(p)$ ist. Dann liefert die zweite Quadratsumme in (77) eine uneigentliche Darstellung von vp, hingegen die erste eine eigentliche. Wäre nämlich für einen Primteiler p_0 von v

$$a\,x + by \equiv 0\,(p_0),\; a\,y - b\,x \equiv 0\,(p_0),$$

so folgte $x \equiv -\frac{b}{a}\,y \equiv \frac{a}{b}\,y\,(p_0)$, also $x^2 + y^2 \equiv 0\,(p_0)$. Es müßte dann $p_0 = p$ sein. Aber $ax + by \equiv 0(p)$ ist wegen $\frac{x}{y} \equiv \frac{b}{a}\,(p)$ unmöglich. Für die so aus $P = A^2 + B^2$ entstehende Darstellung $m = X^2 + Y^2$ ist $Y : X \equiv B : A \bmod P$. Aus verschiedenen Darstellungen von P entstehen also auf diese Weise verschiedene Darstellungen von m.

Eine eigentliche Darstellung $m = X^2 + Y^2$ führt nach Multiplikation mit $2 = 1^2 + 1^2$ für $m \equiv 1(2)$ auf die eigentliche Darstellung $2m = (X - Y)^2 + (X + Y)^2$.

Es gibt für $m = 2^e\, p_1^{e_1} \ldots p_s^{e_s}$ auch nicht mehr als 2^{s-1} verschiedene eigentliche Darstellungen. Gilt nämlich für die den beiden eigentlichen Darstellungen $m = x^2 + y^2 = u^2 + v^2$ zugehörigen Wurzeln $\frac{y}{x}$ und $\frac{v}{u}$ von $x^2 \equiv -1(m)$ die Kongruenz $\frac{y}{x} \equiv \frac{v}{u}\,(m)$, so sind die Darstellungen gleich. Denn aus $m^2 = (uy - vx)^2 + (ux + vy)^2$ und $uy - vx \equiv 0\,(m)$ folgt $uy - vx = 0$, $ux + vy = m$ und dann $u = x$, $v = y$. Da die Anzahl der Lösungen von $x^2 \equiv -1\,(m)$ bei vorgeschriebener Lösung mod p_1 gleich 2^{s-1} ist, folgt die Behauptung. Die Lösung mod p_1 bestimmt die Reihenfolge der Summanden.

Wir entnehmen unserm Satz 52 und seinem Beweis: Eigentliche Darstellungen besitzen alle und nur die Zahlen m, die Produkte von Primzahlen der Form $4\,n + 1$ sind, und ihre Doppelten, nur eigentliche Darstellungen die quadratfreien unter ihnen, und zwar mehrere, wenn sie mehrere ungerade Primfaktoren enthalten. Die Primzahlen der Form $4\,n + 1$ und ihre Doppelten sind dadurch gekennzeichnet, daß sie allein unter den natürlichen Zahlen genau eine eigentliche und keine uneigentliche Darstellung besitzen, eine Kennzeichnung, die zur Primzahlprüfung geeignet ist.

Nach derselben Methode läßt sich beweisen: *Es ist eine Primzahl* $p > 2$ *in der Form* $p = x^2 + dy^2$ *für* $d = 2, 3, 7$ *darstellbar, wenn* $z^2 \equiv -d \bmod p$ *lösbar ist, ferner für* $d = 5$, $13, 37$, *wenn außerdem* $p \equiv 1 \bmod 4$ *ist. Wieder sind diese* p *unter den ungeraden Zahlen durch eindeutige und zugleich eigentliche Darstellbarkeit ausgezeichnet.*

Man erhält für jedes d bei Lösbarkeit der Kongruenz $z^2 \equiv -d \bmod p$ aus einer Lösung $z \equiv \frac{x}{y}$ mit $0 < x, y < e$, wo e wieder das Minimum für $e^2 > p$ ist, eine Darstellung $x^2 + dy^2 = mp$ mit $1 \leqq m \leqq d$. Für die genannten Fälle lassen sich dann die $m > 1$ durch Kongruenzen entweder ausschließen oder auf $m = 1$ zurückführen. Wir wollen dies nur für $d = 3$ und $d = 37$ ausführen.

Ist $z^2 \equiv -3(p)$ lösbar, so gibt es eine Darstellung $x^2 + 3y^2 = mp$ mit $m \leqq 3$. Ist $m = 3$, so folgt $x \equiv 0(3)$ und damit eine Darstellung für p. Der Fall $m = 2$ ist ausgeschlossen, da $x^2 + 3y^2 = 2p$ nur für $p = 2$ lösbar ist.

Für $d = 37$ wollen wir den Satz von Thue in der allgemeinen Form verwenden. Es seien e und f die kleinsten Zahlen mit $e^2 > 6p$, $f^2 > \frac{1}{6}p$. Dann folgt aus $-37 \equiv \left(\frac{x}{y}\right)^2$ mit $x < e$, $y < f$ die Ungleichung

$$0 < x^2 + 37y^2 < 6p + \frac{37}{6}p < 13p.$$

Da p ein Teiler von $x^2 + 37y^2$ ist, folgt

$$x^2 + 37y^2 = mp \text{ mit } 1 \leqq m \leqq 12.$$

Man braucht nur $(x, y) = 1$ zu betrachten, da $(x, y) > 1$ auf kleineres m führt. Dann ist $x \equiv y \equiv 0(2)$ unmöglich, und es ist $mp \equiv 1$ oder $2 \bmod 4$. Wegen $p = 4n + 1$ ist daher $m = 1, 2, 5, 6, 9$ oder 10. Auch $x \equiv y \equiv 0(3)$ ist unmöglich, und es ist $mp \equiv 1$ oder $2 \bmod 3$; also ist $m \neq 6, 9$. Da nun $x^2 \equiv 0, \pm 1(5)$, $37y^2 \equiv 0, \pm 2(5)$, aber nicht $x \equiv y$

$\equiv 0(5)$ ist, scheiden auch $m = 5, 10$ aus, und es bleiben noch $m = 1, 2$. Aber für $m = 2$ ist $x \equiv y \equiv 1(2)$ und daher $2p = x^2 + 37y^2 \equiv 1 + 5 \equiv 6 \bmod 8$ und dann $p \equiv 3 \bmod 4$.

Die Kongruenzen $z^2 \equiv -2(p)$ für $p \equiv 5, 7 \bmod 8$ und $z^2 \equiv -3(p)$ für $p \equiv 2(3)$ sind unlösbar, weil $x^2 + 2y^2 \equiv 5, 7(8)$ und $x^2 + 3y^2 \equiv 2(3)$ unlösbar sind.

Aus einer Lösung von $z^2 \equiv -1(p)$ die Darstellung $p = x^2 + y^2$ zu erhalten, ist auch hier möglich: z. B. $22^2 \equiv -1$ (97); $22^2 + 1 = 97 \cdot 5$; $(22^2 + 1^2)(2^2 + 1^2) = 45^2 + 20^2$; $97 = 9^2 + 4^2$.

Jedoch tritt praktisch eher die umgekehrte Aufgabe auf.

Erwähnt sei noch die Existenz einer (75) und (77) einbegreifenden Multiplikation, die ein Produkt zweier Summen von acht Quadraten wieder als Summe von acht Quadraten darstellt. Eine solche Formel gibt es jedoch nur für 2, 4 und 8 Summanden.

Als Anwendung des Vorigen bringen wir einige Spezialfälle des Dirichletschen Satzes über die Primzahlen in einer arithmetischen Progression:

Satz 53: *Es gibt je unendlich viele Primzahlen der Formen* $4m + 1, 4m - 1, 3m + 1, 3m - 1$.

Sei $P = 2 \cdot 3 \ldots q$ das Produkt der Primzahlen bis q und $q \geqq 3$. Dann haben $P + 1$ und $P^2 + 1$ nur Primteiler $> q$. Wegen $P + 1 \equiv -1(4)$ hat $P + 1$ einen Primteiler $\equiv 3(4)$, weil ein Produkt von Zahlen $\equiv 1(4)$ selbst $\equiv 1(4)$ ist. Dagegen hat $P^2 + 1$ nach obigem nur Primteiler $\equiv 1(4)$. Also gibt es zwischen q und $(q!)^2 + 2$ je eine Primzahl $\equiv \pm 1(4)$. Das gilt für jedes q (hier schon für $q \geqq 2$), und deshalb gibt es unendlich viele Primzahlen in jeder der Progressionen $4m \pm 1$.

Auch $P - 1$ und $3P^2 + 1$ haben nur Primteiler $> q$, und zwar hat $P - 1$ einen Primteiler $\equiv -1(3)$ und $3P^2 + 1$ nur Primteiler $\equiv 1(3)$, woraus die Behauptung für die beiden Progressionen $3m \pm 1$ folgt. Da $3m \pm 1 \equiv 0(2)$, wenn $m \equiv 1$ (2) ist, sind die Primzahlen der Form $3m \pm 1$ für $m > 1$ von der Form $6m \pm 1$.

Unabhängig vom Vorigen zeigen wir schließlich

Satz 54: *Für eine eigentliche Darstellung* $x^2 + y^2 = z^2$ *ist notwendig eine Darstellung*

$$x = a^2 - b^2,\; y = 2ab,\; z = a^2 + b^2. \tag{79}$$

Ferner ist die Gleichung $x^4 + y^4 = z^2$ *bei* $xy \neq 0$ *unlösbar und damit die Fermatgleichung für den Exponenten* 4.

Beweis: Da $(x, y) = 1$ sein soll, kann man $x \equiv 1(2)$ ansetzen; dann ist $y \equiv 0(2)$, da es bei $z^2 \equiv 0(2)$ keine eigentliche Darstellung gibt. Jetzt ist

$$x^2 = (z - y)(z + y)$$

mit $(z + y, z - y) = (z - y, 2y) = 1$, da z ungerade und $(z, y) = 1$ ist. Also sind $z + y$ und $z - y$ einzeln Quadrate: $z + y = c^2, z - y = d^2$. Hier sind c und d ungerade, also in der Form $c = a + b, d = a - b$ darstellbar. Das ergibt nacheinander $z = a^2 + b^2, y = 2ab, x = \pm (a^2 - b^2)$.

Den zweiten Teil des Satzes erhalten wir durch zweimalige Anwendung des ersten Teiles. Soll $x^4 + y^4 = z^2$ mit kleinstem z sein, so muß bei $x^2 = A^2 - B^2, y^2 = 2AB, z = A^2 + B^2$ das B gerade sein, und mit $(x, y) = 1$ ist auch $(A, B) = 1$ und dann $A = a^2, B = 2b^2$. Das ergibt

$$x^2 + (2b^2)^2 = a^4 \text{ und damit } 2b^2 = 2CD,\; a^2 = C^2 + D^2.$$

Wieder ist $(C, D) = 1$ und dann $C = c^2, D = d^2$. Also ist $a^2 = c^4 + d^4$. Nun ist $z = a^4 + (2b^2)^2 > a^4 \geqq a$, da mit $y > 0$ auch $b > 0$ ist, d. h. z wäre nicht die kleinste Zahl, deren Quadrat die Summe zweier Biquadrate ist.

III. Quadratische Reste

§ 20. Zurückführung der quadratischen Kongruenzen

In diesem Abschnitt werden wir die Frage nach den n-ten Potenzresten mod m für den Fall $n = 2$, für die quadratischen Reste mod m, weiter behandeln: Welches sind die quadratischen Reste mod m? Für welche m ist eine gegebene Zahl quadratischer Rest? Hierfür haben wir zwei wichtige Kriterien, das schon behandelte Eulersche Kriterium (Satz

46) und das Gaußsche Lemma (Satz 59), das uns eine überraschend einfache Antwort geben wird: Ob die Zahl r für eine Primzahl p quadratischer Rest ist, hängt nur ab von der Restklasse mod $4r$, in der die Primzahl p liegt (Satz 63). Eine so einfache Einteilung kommt bei höheren Potenzresten nicht vor. Sie liefert ferner das Reziprozitätsgesetz der quadratischen Reste (Satz 66), das eine Aussage über das gegenseitige quadratische Restverhalten zweier Primzahlen macht. Wir werden wieder alle Fragen auf den Fall des Primzahlmoduls zurückführen.

Zunächst führen wir die allgemeine quadratische Kongruenz

$$ax^2 + bx + c \equiv 0 \mod m, \tag{80}$$

$a > 0$, auf den Fall $x^2 \equiv r \mod p$, $p > 2$, zurück. Die Kongruenz (80) ist gleichwertig mit

$$4a^2x^2 + 4abx + 4ac = (2ax + b)^2 - (b^2 - 4ac) \equiv 0 \mod 4am.$$

Die Zahl $D = b^2 - 4ac$ heißt die Diskriminante von (80). Setzt man $2ax + b = y$, so bleibt eine reine Kongruenz

$$y^2 \equiv D \mod 4am \text{ mit } y \equiv b \mod 2a \tag{81}$$

als Nebenbedingung zu lösen. Dabei ist die Erweiterung des Moduls m mit a nicht nötig, wenn $(a, m) = 1$ ist, und die mit 4 dann nicht, wenn $(2, m) = 1$ ist. Denn bei $(a, m) = 1$ ist mod m Division durch a und bei $(2, m) = 1$ Division durch 2 möglich, so daß (80) bei $(a, m) = (2, m) = 1$ als reine quadratische Kongruenz mod m geschrieben werden kann.

Die Lösung von $x^2 \equiv D$ mod m läßt sich auf teilerfremde Reste zurückführen; es gilt

Satz 55: *Die reine quadratische Kongruenz $x^2 \equiv D$ mod m ist bei $D = D'd$, $m = m'd$, $(D', m') = 1$ und $d = e^2 f$ mit quadratfreiem f genau dann lösbar, wenn $(f, m') = 1$ und fD' quadratischer Rest* mod m' *ist.*

Sei $x^2 \equiv D(m)$ lösbar, dann ist mit $e^2 | D$ und $e^2 | m$ auch $e^2 | x^2$, also $x = ey$. Jetzt hat y die Kongruenz $y^2 \equiv fD'$ mod fm' zu erfüllen, und daraus folgt $f | y^2$, also $f | y$, da f

quadratfrei ist. Mit $y = fz$ bleibt $fz^2 \equiv D'$ mod m' zu lösen. Dafür muß zunächst wegen $(D', m') = 1$ auch $(f, m') = 1$ sein, und da dann $fz^2 \equiv D'(m')$ mit $f^2z^2 \equiv fD'(m')$ gleichwertig ist, muß außerdem die Kongruenz $y^2 \equiv fD'$ mod m' lösbar sein.

Ist $y^2 \equiv fD'$ mod m' lösbar und $(f, m') = 1$, so hat man mit $y \equiv fz(m')$ die Kongruenz $f^2z^2 \equiv fD'(m')$ und damit $fz^2 \equiv D'(m')$; daraus folgt $e^2f^2z^2 \equiv e^2fD'$ mod e^2fm', also die Lösbarkeit von $x^2 \equiv D$ mod m.

Jetzt bleibt nur die Frage, ob ein gegebener teilerfremder Rest a mod m quadratischer Rest oder nicht-quadratischer Rest (Nichtrest) ist. Nach dem Hauptsatz über simultane Kongruenzen ist die Lösbarkeit von $x^2 \equiv a$ mod m äquivalent mit der Lösbarkeit des Systems $x^2 \equiv a$ mod $p_i^{e_i}$, wo $p_i^{e_i}$ die Primpotenzteiler von m sind. Die Kongruenz $x^2 \equiv a$ mod p^e ist für $p > 2$ nach Satz 38 genau dann lösbar, wenn $x^2 \equiv a$ mod p lösbar ist, und nach Satz 48 für $p = 2$ bei $e \geqq 3$ nur, wenn $a \equiv 1$ (8) ist, bei $e = 2$ nur, wenn $a \equiv 1$ (4) ist, und bei $e = 1$ immer. Es gilt demnach

Satz 56: *Eine Zahl* a *ist genau dann quadratischer Rest* mod m, *wenn sie quadratischer Rest aller Primteiler von* m *ist und in den Fällen* $4|m$, $8|m$ *selbst* $\equiv 1$ *mod* 4, 8 *ist.*

§ 21. Legendre-Symbol. Eulersches Kriterium

Um bei ungeradem Primzahlmodul p das quadratische Restverhalten einer zu p primen Zahl a kurz zu beschreiben, gebraucht man das Legendre-Symbol $\left(\frac{a}{p}\right)$, gelesen „a nach p“ oder „a für p“. Es wird gesetzt $\left(\frac{a}{p}\right) = +1$, wenn $x^2 \equiv a$ mod p lösbar ist, und $\left(\frac{a}{p}\right) = -1$, wenn $x^2 \equiv a$ mod p nicht lösbar ist. Für das Symbol $\left(\frac{a}{p}\right)$ gilt seiner Definition nach

$$(82) \qquad \left(\frac{a}{p}\right) = \left(\frac{a'}{p}\right), \quad \text{wenn } a \equiv a' \bmod p.$$

Ferner gilt das Eulersche Kriterium:

Satz 57: $$\left(\frac{a}{p}\right) \equiv a^{\frac{p-1}{2}} \bmod p.$$

Zunächst ist $a^{\frac{p-1}{2}} \equiv \pm 1(p)$ für alle zu p teilerfremden a, da $\left(a^{\frac{p-1}{2}}\right)^2 \equiv 1\,(p)$ ist. Für eine Primitivwurzel v mod p ist $v^{\frac{p-1}{2}} \equiv -1(p)$, außerdem ist sie ein Nichtrest; denn aus der Lösbarkeit von $x^2 \equiv v(p)$ würde $v^{\frac{p-1}{2}} \equiv 1(p)$ folgen. Auch für die $\frac{p-1}{2}$ einander mod p inkongruenten v^{2n+1}, $n = 0, 1, \ldots, \frac{p-3}{2}$, ist $(v^{2n+1})^{\frac{p-1}{2}} \equiv -1(p)$, und sie sind ebenfalls Nichtreste, denn aus der Lösbarkeit von $v^{2n+1} \equiv x^2(p)$ würde die von $v \equiv x^2(p)$ folgen. Die $\frac{p-1}{2}$ einander inkongruenten $v^{2n} = (v^n)^2$, $n = 1, \ldots, \frac{p-1}{2}$ sind qu. Reste; für sie ist $(v^{2n})^{\frac{p-1}{2}} \equiv 1(p)$. Damit ist Satz 57 bewiesen und gleichzeitig gezeigt, daß es $\frac{p-1}{2}$ qu. Reste und ebenso viele Nichtreste gibt. Es ist also

(83) $$\sum_{a=1}^{p-1} \left(\frac{a}{p}\right) = 0.$$

Außerdem folgt aus dem Eulerschen Kriterium oder auch aus der Darstellung der qu. Reste und Nichtreste als Potenzen der Primitivwurzel die Gleichung

(84) $$\left(\frac{ab}{p}\right) = \left(\frac{a}{p}\right)\left(\frac{b}{p}\right).$$

Es ist also das Produkt zweier quadratischen Reste ein qu. Rest, das Produkt eines qu. Restes mit einem Nichtrest ein Nichtrest und das Produkt zweier Nichtreste ein quadratischer Rest.

Die quadratischen Reste bilden eine Gruppe der Ordnung $\frac{p-1}{2}$.

Man erklärt auch $\left(\frac{a}{p}\right)$ für $a \equiv 0(p)$, und zwar durch $\left(\frac{a}{p}\right) = 0$. Bei dieser Erweiterung gelten auch die Formel des Eulerschen Kriteriums und Gleichung (84), aber die Gesamtheit aller Restklassen mod p bildet keine multiplikative Gruppe.

Man sagt, das Symbol $\left(\frac{a}{p}\right)$ sei ein Charakter der multiplikativen Gruppe der zu p teilerfremden Restklassen oder ein Restklassencharakter mod p. Dem liegt folgende Begriffsbildung zugrunde: Sind $A, B, C, \ldots$ Elemente einer endlichen abelschen Gruppe und wird jedem Element A der Gruppe eine Zahl $\chi(A)$ so zugeordnet, daß $\chi(AB) = \chi(A)\,\chi(B)$ für irgendwelche Elemente A und B der Gruppe gilt, so nennt man $\chi(A)$ einen Gruppencharakter. Ist E das Einheitselement der Gruppe, so ist $\chi(A) = \chi(AE) = \chi(A)\,\chi(E)$, also $\chi(E) = 1$, wenn nicht $\chi(A) = 0$ für alle A ist. Diesen Fall schließen wir aus. Ist n die Ordnung von A, also $A^n = E$, so ist $(\chi(A))^n = 1$.

Da das Legendre-Symbol $\left(\frac{a}{p}\right)$ nur von der Restklasse a mod p abhängt, ist es wegen (84) ein Charakter. Er genügt der Gleichung $\left(\frac{a}{p}\right)^2 = 1$.

Wir geben für das Eulersche Kriterium noch einen Beweis, und zwar ohne die Existenz der Primitivwurzel und den Fermatschen Satz heranzuziehen: Man ordne die qu. Reste $1, 2, \ldots, p-1$ zu Paaren (x, y) mit $xy \equiv a \not\equiv 0(p)$. Für einen Nichtrest a ist stets $x \neq y$; es gibt dann $\frac{p-1}{2}$ Paare, deren Produkt $(p-1)! \equiv a^{\frac{p-1}{2}}$ ist. Für einen quadratischen Rest a dagegen bleiben wegen $a \equiv (\pm z)^2$, wo $\pm z$ die einzigen Lösungen dieser Kongruenz sind, nur $\frac{p-3}{2}$ Paare (x, y) mit $xy \equiv a$; und z und $-z$ bleiben einzeln, ihr Produkt ist $\equiv -a$; darum ist hier $(p-1)! \equiv -a^{\frac{p-1}{2}}$, und zwar für jeden quadratischen Rest a. Setzt man $a = 1$, so hat man $(p-1)! \equiv -1$ und $a^{\frac{p-1}{2}} \equiv 1$ für jeden quadratischen Rest, und $a^{\frac{p-1}{2}} \equiv (p-1)! \equiv -1 \bmod p$ für einen Nichtrest. Die Kongruenz $a^{\frac{p-1}{2}} \equiv \pm 1$ ergibt durch Quadrieren $a^{p-1} \equiv 1(p)$, den Fermatschen Satz.

Nach dem Eulerschen Kriterium ist -1 quadratischer Rest für $p \equiv 1\ (4)$ und Nichtrest für $p \equiv 3\ (4)$.

Jetzt folgt sofort

Satz 58: *Die Kongruenz* $ax^2 + cy^2 \equiv 0 \bmod p$ *ist mit* $x, y \not\equiv 0\ (p)$ *genau für* $\left(\frac{a}{p}\right) = \left(\frac{-c}{p}\right)$ *lösbar.*

Setzt man nämlich $x = yz$, so bleibt $az^2 \equiv -c(p)$ zu lösen oder $aw \equiv -c$ durch einen quadratischen Rest w.

Z. B. kann $2x^2 + 3y^2$ nicht durch 13, 17, 19, 23 teilbar sein, wohl aber durch 5, 7, 11, 29, ..., und von diesen Primzahlen sind wiederum die von der Form $6n + 5$, wie sich nach dem Verfahren aus § 19 beweisen läßt, selbst durch $2x^2 + 3y^2$ darstellbar.

§ 22. Gaußsches Lemma. Erweitertes Legendre-Symbol

Wir bringen ein Kriterium für quadratische Reste, das sowohl für Einzelfeststellungen als besonders für den gegenseitigen Zusammenhang der quadratischen Reste wertvoll ist. Dazu definieren wir für ungerade positive m als *Halbsystem* mod m ein System von Zahlen $a_1, \ldots, a_{\frac{m-1}{2}}$, das alle Reste mod m durch $0, \pm a_i \left(i = 1, \ldots, \frac{m-1}{2}\right)$ darstellt. Ein solches bilden vor allem die untere Resthälfte $1, \ldots, \frac{m-1}{2}$ und die obere Resthälfte $\frac{m+1}{2}, \ldots, m-1$ oder $-\frac{m-1}{2}, \ldots, -1$. Zwischen Halbsystemen und quadratischem Restverhalten besteht ein Zusammenhang, der durch das **Gaußsche Lemma** hergestellt wird:

Satz 59: *Sei* $p = 2k + 1$ *Primzahl und* a *nicht durch* p *teilbar; die Zahlen* $a_1, \ldots, a_k$ *mögen ein Halbsystem* mod p *darstellen. Ist* μ *die Anzahl derjenigen Zahlen* $a a_1, \ldots, a a_k$, *welche Zahlen des entgegengesetzten Halbsystems* $-a_1, \ldots, -a_k$ *kongruent sind, so ist*

$$\left(\frac{a}{p}\right) = (-1)^\mu. \tag{85}$$

Beweis: Da ein Halbsystem von einem Paar $\pm r$ entgegengesetzter Reste $\not\equiv 0$ immer genau einen enthält, gehen zwei Halbsysteme — bis auf Übergang zu kongruenten Resten — durch Vorzeichenwechsel einzelner Reste auseinander hervor. Entsteht das Halbsystem $c_1, \ldots, c_k$ aus dem Halbsystem $a_1, \ldots, a_k$ durch μ Vorzeichenwechsel, so gilt für sein Produkt

$$c_1 c_2 \cdots c_k \equiv (-1)^\mu a_1 a_2 \cdots a_k \bmod p. \tag{86}$$

Nun ist aber $a a_1, \ldots, a a_k$ für $a \not\equiv 0\,(p)$ ein Halbsystem; denn aus $a a_i \equiv \pm a a_j$ folgt $a_i \equiv \pm a_j$. Also ist

$$\Pi\,(a a_i) \equiv (-1)^\mu\, \Pi\, a_i \text{ und damit } a^k \equiv (-1)^\mu \bmod p. \tag{87}$$

Das Eulersche Kriterium $a^k \equiv \left(\frac{a}{p}\right) \bmod p$ ergibt die Behauptung.

Wir wollen nun zu beliebigem ungeradem m ein Symbol definieren, das für alle zu m primen Reste a erklärt ist und für eine Primzahl $m = p$ mit dem Legendre-Symbol übereinstimmt. Auch hier bewirkt die Multiplikation der Zahlen eines Halbsystems mod m mit a eine Anzahl von Übergängen in das entgegengesetzte Halbsystem, die wir wieder mit μ bezeichnen. Die Anzahl μ hängt zwar vom gewählten Halbsystem ab, ändert sich aber bei Änderung des Halbsystems nur um Vielfache von 2. Ist das gezeigt, dann ist die Erklärung des „*Jacobi-Symbols*“

$$\left(\frac{a}{m}\right) = (-1)^\mu \text{ für beliebiges ungerades } m \text{ und } (a, m) = 1$$

unabhängig vom gewählten Halbsystem. Die Bezeichnung

ist zweckmäßig, weil nach (85) *das Jacobi-Symbol für Primzahlen m mit dem Legendre-Symbol übereinstimmt.*

Der Ersatz eines Halbsystems durch ein anderes ist schrittweise durch einzelne Vorzeichenwechsel erreichbar. Es braucht daher nur gezeigt zu werden, daß sich die Anzahl $\mu = \mu(a)$ der Übergänge in das entgegengesetzte Halbsystem beim Ersatz von $H_1 = a_1, \ldots, a_k$, jetzt mit $m = 2k+1$, durch $H_2 = c_1, c_2, \ldots, c_k \equiv -a_1, a_2, \ldots, a_k$ allenfalls um eine gerade Zahl ändert. Ist $a a_i \equiv \pm a_j$, so liegen für H_1 und H_2 gleichzeitig Übergänge in das entgegengesetzte Halbsystem vor, soweit i und j von 1 verschieden sind. Ist nun $aa_1 \equiv a_j$, so liegt für H_1 kein Übergang vor, wohl aber für H_2, denn es ist $ac_1 \equiv -aa_1 \equiv -a_j \equiv -c_j$, und $-c_j$ liegt für $a \not\equiv 1$ in dem zu H_2 entgegengesetzten Halbsystem. Gibt es ein a_ν mit $a\, a_\nu \equiv a_1$, so liegt wieder nur für H_2 ein Übergang vor. Für H_2 ist dann bei Multiplikation mit a die Anzahl der Übergänge um 2 größer als bei H_1. Gibt es dagegen ein a_ν mit $a a_\nu \equiv -a_1$, so liegt bei H_1 ein Übergang vor, aber nicht bei H_2. In diesem Fall gibt es bei Multiplikation mit a für H_1 ebenso viele Übergänge wie für H_2. Die zweite Möglichkeit, nämlich $a a_1 \equiv -a_j$, für die wir wieder zwei Unterfälle zu untersuchen haben, wird entsprechend behandelt. Hier ist die Anzahl der Übergänge für H_2 ebenso groß wie für H_1 oder um 2 kleiner.

Satz 60: *Das Jacobi-Symbol* $\left(\frac{a}{m}\right) = (-1)^\mu$ *ist ein Restcharakter* $\chi(a)$ mod m.

Beweis: Wegen $\chi(a) \neq 0$ und $\chi(a') = \chi(a)$ für $a' \equiv a(m)$ bleibt $\chi(ab) = \chi(a)\,\chi(b)$ zu beweisen. Ist $H = a_1, \ldots, a_k$ ein Halbsystem und bleiben bei Multiplikation mit a gewisse Zahlen a_i in H_1, so auch $-a_i$ im entgegengesetzten Halbsystem $-H_1$; die übrigen $\mu(a)$ Zahlen aus H_1 und $-H_1$ gehen in das andere Halbsystem über. Bei Multiplikation mit ab gehen nun diejenigen $\mu(ab)$ Zahlen a_i aus H_1 nach $-H_1$ über, die es entweder nur bei Multiplikation mit a oder nur bei Multiplikation mit b tun. Gehen r Zahlen sowohl bei a als auch bei b über nach $-H_1$, so ist die Anzahl $\mu(ab) = \mu(a) - r + \mu(b) - r$, also ist

$$(-1)^{\mu(ab)} = (-1)^{\mu(a)+\mu(b)} = (-1)^{\mu(a)}(-1)^{\mu(b)},$$

(88) $$\left(\frac{ab}{m}\right) = \left(\frac{a}{m}\right)\left(\frac{b}{m}\right).$$

Es ist zwar $\left(\frac{a}{m}\right) = +1$ *für jeden quadratischen Rest* a mod m, *jedoch gilt nicht die Umkehrung*, sobald m verschiedene Primfaktoren besitzt, und (88) sagt daher nichts aus über das quadratische Restverhalten des Produktes zweier Nichtreste. Für eine Primzahl $m = p$ ist Gleichung (84) neu bewiesen.

Wenden wir das Gaußsche Lemma auf $a = -1$ an, so erhalten wir den **ersten Ergänzungssatz zum quadratischen Reziprozitätsgesetz:**

Satz 61: *Für jede positive ungerade Zahl m ist*

(89) $$\left(\frac{-1}{m}\right) = (-1)^{\frac{m-1}{2}}.$$

Bei der Multiplikation mit -1 gehen alle $\frac{m-1}{2}$ Reste eines Halbsystems in das entgegengesetzte über, es ist also $\mu = \frac{m-1}{2}$.

Den **zweiten Ergänzungssatz zum quadratischen Reziprozitätsgesetz** erhalten wir für $a = 2$:

Satz 62: *Für jede positive ungerade Zahl m ist*

(90) $$\left(\frac{2}{m}\right) = (-1)^{\frac{m^2-1}{8}}.$$

Die Multipla $2i$ der Zahlen i aus der unteren Resthälfte $1 \leqq i \leqq \frac{m-1}{2}$ liegen genau für $\frac{m-1}{4} < i \leqq \frac{m-1}{2}$ in der oberen Resthälfte. Für $m \equiv 1\,(4)$ sind das $\frac{m-1}{4}$ Zahlen; dann ist $\left(\frac{2}{m}\right) = (-1)^{\frac{m-1}{4}}$. Für $m \equiv 3\,(4)$ sind es die Zahlen i mit $\frac{m+1}{4} \leqq i \leqq \frac{m-1}{2}$; dann ist $\mu = \frac{m+1}{4}$, also $\left(\frac{2}{m}\right) =$

$(-1)^{\frac{m+1}{4}}$. Die Zusammenfassung beider Fälle wird durch $\left(\frac{2}{m}\right) = (-1)^{\frac{m^2-1}{8}}$ gegeben. Denn wegen $\frac{m^2-1}{8} = \frac{(m+1)(m-1)}{2 \cdot 4}$ ist $\frac{m^2-1}{8} \equiv \frac{m-1}{4} \bmod 2$ für $m \equiv 1(4)$ und $\equiv \frac{m+1}{4} \bmod 2$ für $m \equiv 3(4)$. Danach ist 2 quadratischer Rest für die Primzahlen $p = 8n \pm 1$ und Nichtrest für $p = 8n \pm 3$.

Aufgabe: Man berechne: -2 ist Rest für $p = 8n + 1$ und $8n + 3$, Nichtrest für $8n + 5$ und $8n + 7$; -3 ist Rest für $p = 6n + 1$; $+3$ ist Rest für $p = 12n \pm 1$; $+5$ ist Rest für $p = 10n \pm 1$ und -5 für $p = 20n + 1, 3, 7, 9$!

§ 23. Der Hauptsatz für quadratische Reste

Wir fragen jetzt nach den Moduln m, für die eine gegebene Zahl a quadratischer Rest ist. Hier gilt der **Hauptsatz für quadratische Reste.**

Satz 63: *Es seien a und m positive Zahlen, m ungerade und* $(a, m) = 1$. *Dann ist*

$$\left(\frac{a}{m+2a}\right) = \begin{cases} \left(\frac{a}{m}\right) \text{ für } a = 4n + 0, 1, \\ -\left(\frac{a}{m}\right) \text{ für } a = 4n + 2, 3. \end{cases} \tag{91}$$

Ob also a quadratischer Rest für eine Primzahl $p > 2$ *ist, hängt danach nur von der Restklasse von p* mod $4a$ *ab.*

Läßt man in (91) für m und $m + 2a$ nur Primzahlen zu, so treten ausschließlich Legendre-Symbole auf; auch im Beweis werden bei dieser Einschränkung die Jacobi-Symbole für beliebige ungerade m nicht benötigt. Dasselbe gilt für die Sätze 64—66.

Zum Beweis wenden wir das Gaußsche Lemma an und legen als Halbsystem die untere Resthälfte zugrunde. Wir haben $\left(\frac{a}{m+2a}\right)$ mit $\left(\frac{a}{m}\right)$ zu vergleichen und festzustellen, wie sich die Vielfachen $\nu a, \nu = 1, \ldots, \frac{m-1}{2}$ und $\nu = 1, \ldots, \frac{m+2a-1}{2}$ auf die beiden Resthälften mod m und mod $m + 2a$ verteilen. Wir betrachten für den Modul m die Intervalle I_1 von 0 bis $\frac{1}{2} m$, I_2 von $\frac{1}{2} m$ bis m, I_i von $(i-1)\frac{m}{2}$ bis $i\frac{m}{2}$ für $1 \leqq i \leqq a$. Die Vielfachen νa, $1 \leqq \nu < \frac{m}{2}$, liegen im Innern dieser Intervalle; denn $\nu a = i\frac{m}{2}$ ist bei $(2, m) = (a, m) = 1$ und $i \leqq a$ unmöglich. Die Anzahl der innerhalb I_i liegenden sei mit μ_i bezeichnet.

Als Beispiel geben wir $a = 6$, $m = 19$:

6		12	18		24		30	36		42		48	54	
	$9\frac{1}{2}$			19		$28\frac{1}{2}$			38		$47\frac{1}{2}$			57

Man sieht, wie sich die Vielfachen von a auf die I_i verteilen; es ist $\mu_i = 1$ für ungerades i und $\mu_i = 2$ für gerades i.

Entsprechend bilden wir für $m' = m + 2a$ die Intervalle I'_i von $(i-1)\frac{m'}{2}$ bis $i\frac{m'}{2}$, wieder $1 \leqq i \leqq a$, und bezeichnen die Anzahl der Vielfachen von a innerhalb I_i mit μ'_i.

In unserem Beispiel ist $m' = 31$, und man entnimmt der Aufstellung

6	12		18	24	30		36	42		48	54	60		66	72		78	84	90	
		$15\frac{1}{2}$				31			$45\frac{1}{2}$				62			$77\frac{1}{2}$				93

die Werte für μ'_i. Es ist $\mu'_i = 2$ für ungerade i und $\mu'_i = 3$ für gerade i.

Allgemein ist nun $\mu'_i = \mu_i + 1$. Denn die Intervalle I_i und I'_i beginnen mit derselben Zahl mod a, und das Intervall I'_i enthält genau a ganze Zahlen, die ein volles Restsystem mod a bilden, mehr als das Intervall I_i. Da für $a = 2r$ und $a = 2r + 1$ die Anzahl der oberen Resthälften mod m und mod m' gleich r ist, gilt für die Anzahlen μ und μ' der Vielfachen von a in den oberen Resthälften mod m und mod m':

(92)
$$\mu = \mu_2 + \mu_4 + \cdots + \mu_{2r}$$
$$\mu' = \mu'_2 + \mu'_4 + \cdots + \mu'_{2r} = \mu + r\,.$$

Für gerades r, also $a \equiv 0,1\,(4)$, ist demnach $(-1)^\mu = \left(\frac{a}{m}\right) = \left(\frac{a}{m'}\right)$, für ungerades r, also $a \equiv 2,3\,(4)$, dagegen $\left(\frac{a}{m'}\right) = -\left(\frac{a}{m}\right)$.

Sind demnach p und $q = p + 2at$ Primzahlen, so hat a bei geradem t denselben quadratischen Restcharakter für q wie für p, während bei ungeradem t der Rest von a mod 4 entscheidet, wie Satz 63 behauptet. In jedem Fall ist das quadratische Restverhalten von a mod p für alle Primzahlen bekannt, wenn man $\left(\frac{a}{m}\right)$ für $1 \leqq m < 2a$ berechnet hat. Eine weitere Zurückführung gibt

Satz 64: *Es seien a und m positive Zahlen, m ungerade, $(a, m) = 1$ und t eine Zahl derart, daß $4at - m > 0$ ist. Dann gilt*

$$\left(\frac{a}{4at - m}\right) = \left(\frac{a}{m}\right). \tag{93}$$

Beweis: Mit $m' = 4at - m$ seien wieder μ_i und μ_i die Anzahlen der zugelassenen Vielfachen von a, die in das i-*te* Halbintervall mod m und mod m' fallen. Dann sind die Anzahlen s_i, s_i' der Vielfachen von a, die $\leqq i\frac{m}{2}$ und derjenigen, die $\leqq i\frac{m'}{2}$ sind, gleich $\mu_1 + \cdots + \mu_i$ und $\mu_1' + \cdots + \mu_i'$. Weiter ist

$$s_i = \left[\frac{im}{2a}\right],\ s_i' = \left[\frac{im'}{2a}\right] \text{ und } s_i + s_i' = 2it - 1. \tag{94}$$

Die letzte Gleichung gilt, weil $2a$ nicht in im aufgeht. Also ist

$$\mu_1 + \mu_1' = 2t - 1,$$

aber $\mu_2 + \mu_2' = \mu_3 + \mu_3' = \cdots = \mu_a + \mu_a' = 2t$, und infolgedessen

$$\mu + \mu' = \mu_2 + \mu_2' + \mu_4 + \mu_4' + \cdots + \mu_{2r} + \mu_{2r}' = 2rt \text{ und } \mu \equiv \mu'\ (2). \tag{95}$$

Damit ist Satz 64 bewiesen, und man braucht zur Kenntnis von $\left(\frac{a}{m}\right)$ für alle m, insbesondere für alle Primzahlen, nur die $\left(\frac{a}{m}\right)$ für $1 \leqq m < a$.

Beispiele:

$$a = 7 \quad p \equiv 1 \ 3 \ 5 \ 9 \ 11 \ 13 \ 15 \ 17 \ 19 \ 23 \ 25 \ 27 \pmod{28}$$

$$4a = 28 \left(\frac{7}{p}\right) = +1 \ +1 \ -1 \ +1 \ -1 \ -1 \ -1 \ -1 \ +1 \ -1 \ +1 \ +1;$$

$$a = 13 \quad p \equiv 1 \ 3 \ 5 \ 7 \ 9 \ 11 \ 15 \ 17 \ 19 \ 21 \ 23 \ 25 \pmod{26}$$

$$2a = 26 \left(\frac{13}{p}\right) = +1 \ +1 \ -1 \ -1 \ +1 \ -1 \ -1 \ +1 \ -1 \ -1 \ +1 \ +1.$$

Das Schema für $a = 7$ muß nach Satz 64 symmetrisch ausfallen, und es muß nach Satz 63 dann die zweite Schemahälfte entgegengesetzt zur ersten verlaufen und daher das zweite Viertel antisymmetrisch zum ersten, das allein zu berechnen bleibt. Das Schema für $a = 13$, das nur das Intervall $1 \leqq m < 26$ umfaßt, ist nach den Sätzen 63 und 64 symmetrisch. Die $\left(\frac{a}{m}\right)$ für $1 \leqq m < a$ berechnet man zweckmäßig nach der Lemmamethode. Beschränkt man sich auf Legendre-Symbole, so hat man etwa im zweiten Schema für $p \equiv 9$ (26) das Restsymbol $\left(\frac{13}{61}\right)$ zu berechnen, oder man berechnet $\left(\frac{13}{17}\right)$ und beachtet, daß 17 zu 9 symmetrisch liegt.

Wir betrachten noch den Fall $a < 0$, dessen Restverhalten wir unmittelbar nach der Lemmamethode bestimmen. Hier wird Satz 63 in der Form (91) erhalten bleiben, während in Gleichung (93) des Satzes 64 auf einer Seite das Vorzeichen zu ändern ist. Setzt man $a = -2r + 0, 1$, wobei wieder r gerade für $a \equiv 0, 1 (4)$ und ungerade für $a \equiv 2, 3 (4)$ ist, und teilt man die ersten $\frac{m-1}{2}$ Vielfachen von a in Halbintervalle mod m auf mit μ_i Vielfachen zwischen $-\frac{1}{2}m(i-1)$ und $-\frac{1}{2}mi$, so ist jetzt $\mu = \mu_1 + \mu_3 + \cdots + \mu_{2r-1}$ die Anzahl der in die obere Resthälfte fallenden Vielfachsummen. (Es gibt hier r obere und r oder $r-1$ untere Halbsysteme, je nachdem $|a| = 2r$ oder $= 2r - 1$ ist.) Für $m' = 2|a| + m$ ist wie im Beweise von Satz 63 wieder $\mu' = \mu + r$ und damit $\left(\frac{a}{m + 2\,|\,a\,|}\right) = \pm\left(\frac{a}{m}\right)$, je nachdem $a \equiv 0{,}1 (4)$ oder $\equiv 2{,}3 (4)$ ist. Für $m' = 4|a|t - m > 0$ gelten zwar noch die Beziehungen

(94) mit $|a|$ statt a, aber es ist jetzt $\mu = \mu_1 + \mu_3 + \cdots$ und damit $\mu + \mu' = \mu_1 + \mu_1' + \mu_3 + \mu_3' + \cdots \equiv 1(2)$. Also ist $\left(\frac{a}{4|a|t - m}\right) = -\left(\frac{a}{m}\right)$.

Wir haben damit bewiesen:

Satz 65: *Für beliebige a und positive ungerade m_1, m_2 ist*

$$\left(\frac{a}{m_1}\right) = \left(\frac{a}{m_2}\right), \textit{ wenn } m_1 \equiv m_2 \bmod 4a \textit{ ist;}$$

darüber hinaus gilt noch (91). Ferner ist

$$\left(\frac{a}{m_1}\right) = \operatorname{sgn} a \left(\frac{a}{m_2}\right), \textit{ wenn } m_1 \equiv -m_2 \bmod 4a \textit{ ist.}$$

Dabei ist $\operatorname{sgn} a = \frac{a}{|a|}$.

Wir definieren noch der ursprünglichen Bedeutung des Moduls entsprechend $\left(\frac{a}{-m}\right) = \left(\frac{a}{m}\right)$.

Jetzt gelten die Gleichungen (91) und (93) ohne Rücksicht auf das Vorzeichen des Nenners nur noch für positive a.

§ 24. Das quadratische Reziprozitätsgesetz

Sind p und q zwei ungerade positive teilerfremde Zahlen, so besteht zwischen $\left(\frac{p}{q}\right)$ und $\left(\frac{q}{p}\right)$ ein Zusammenhang, der durch das **quadratische Reziprozitätsgesetz** gegeben ist:

Satz 66: *Für zwei ungerade positive teilerfremde Zahlen p und q gilt*

$$(96) \qquad \left(\frac{p}{q}\right)\left(\frac{q}{p}\right) = (-1)^{\frac{p-1}{2}\frac{q-1}{2}}.$$

Ist also eine der beiden Zahlen p oder $q \equiv 1(4)$, so stimmen $\left(\frac{p}{q}\right)$ und $\left(\frac{q}{p}\right)$ überein. Für $p \equiv q \equiv 3 \bmod 4$ ist $\left(\frac{p}{q}\right) = -\left(\frac{q}{p}\right)$. Sind p und q Primzahlen, so ergibt sich das quadratische Restverhalten von q mod p, die Lösbarkeit oder Nichtlösbarkeit von $x^2 \equiv q(p)$, nach (96) aus dem quadratischen

Restverhalten von p mod q; für diesen Fall treten auch im Beweis von (96) nur Legendre-Symbole auf.

Der Beweis von (96) ergibt sich für $p \equiv q(4)$, also für $p - q = 4r$, aus folgender Gleichungskette:

$$(97) \quad \left(\frac{p}{q}\right) = \left(\frac{4r}{q}\right) = \left(\frac{r}{q}\right) = \left(\frac{r}{q+4r}\right) = \left(\frac{r}{p}\right) = \left(\frac{4r}{p}\right) = \\ = \left(\frac{-q}{p}\right) = (-1)^{\frac{p-1}{2}} \left(\frac{q}{p}\right).$$

Hier wird bei den einzelnen Schritten benutzt, daß die Symbole Restcharaktere nach dem Nenner sind und $\left(\frac{r}{q}\right) = \left(\frac{r}{q+4r}\right)$ nach Satz 63 gilt.

Für $p \not\equiv q(4)$, also für $p + q = 4r$ ist

$$(98) \quad \left(\frac{p}{q}\right) = \left(\frac{4r}{q}\right) = \left(\frac{r}{q}\right) = \left(\frac{r}{4r-q}\right) = \left(\frac{r}{p}\right) = \left(\frac{4r}{p}\right) = \left(\frac{q}{p}\right).$$

Hier gilt $\left(\frac{r}{q}\right) = \left(\frac{r}{4r-q}\right)$ nach Satz 64.

Man beachte, daß für prime p, q in allen Nennern Primzahlen stehen.

Damit ist Satz 66 bewiesen.

Auch für $p \not\equiv q(4)$ ist der Beweis mit Satz 63 zu führen, ohne daß Satz 64 herangezogen wird. Man braucht dann aber das Jacobi-Symbol auch, wenn p und q Primzahlen sind. Ist etwa $p \equiv -1$, $q \equiv +1\ (4)$, so bestehen nach Satz 63 und dann, da $p + 2q \equiv 1(4)$ ist, nach (97) die Gleichungen

$$(99) \quad \left(\frac{q}{p}\right) = \left(\frac{q}{p+2q}\right) = \left(\frac{p+2q}{q}\right) = \left(\frac{p}{q}\right).$$

Das Reziprozitätsgesetz gilt in verallgemeinerter Form für beliebige ungerade teilerfremde Zahlen p und q. Denn wegen $\left(\frac{p}{-q}\right) = \left(\frac{p}{q}\right)$ folgt aus (98) für positive p, q

$$\left(\frac{p}{-q}\right) = \left(\frac{p}{q}\right) = \left(\frac{q}{p}\right)(-1)^{\frac{p-1}{2}\frac{q-1}{2}} = \left(\frac{-q}{p}\right)(-1)^{\frac{p-1}{2}\frac{q+1}{2}} =$$

$$= \left(\frac{-q}{p}\right)(-1)^{\frac{p-1}{2}\frac{-q-1}{2}}.$$

Die Gleichung (96) gilt also, wenn p positiv ist, auch für negatives q, und ebenso, wenn q positiv ist, für negatives p. In entsprechender Weise überzeugt man sich von

$$\left(\frac{-p}{-q}\right) = -\left(\frac{-q}{-p}\right)(-1)^{\frac{-p-1}{2}\frac{-q-1}{2}}.$$

In diesem Fall ist in (96) auf einer Seite das Vorzeichen zu ändern. Allgemein hat man für *beliebige ungerade teilerfremde Zahlen p und q eine Zusammenfassung in folgender Form:*

(100) $$\left(\frac{p}{q}\right)\left(\frac{q}{p}\right) = (-1)^{\frac{p-1}{2}\frac{q-1}{2} + \frac{\operatorname{sgn} p-1}{2}\frac{\operatorname{sgn} q-1}{2}}.$$

Der 1. Ergänzungssatz lautet jetzt

$$\left(\frac{-1}{p}\right) = (-1)^{\frac{|p|-1}{2}} = (-1)^{\frac{p-1}{2} + \frac{\operatorname{sgn} p-1}{2}}.$$

Der 2. Ergänzungssatz gilt unverändert.

Aus dem Reziprozitätsgesetz folgt nun für das Jacobi-Symbol

(101) $$\left(\frac{a}{m}\right) = \Pi\left(\frac{a}{p}\right) \text{ für } m = \Pi p.$$

Zerlegt man $a = \pm 2^e D$ so, daß $D \equiv 1(4)$ wird, so ist $\left(\frac{a}{m}\right) = \left(\frac{\pm 2^e}{m}\right)\left(\frac{D}{m}\right)$. Nun ist $\left(\frac{D}{m}\right) = \left(\frac{m}{D}\right) = \Pi\left(\frac{p}{D}\right) = \Pi\left(\frac{D}{p}\right)$ und für $a = -1, 2$ folgt die Behauptung aus den beiden Ergänzungssätzen; denn für ungerades m_1, m_2 ist

$$(-1)^{\frac{|m_1 m_2|-1}{2}} = (-1)^{\frac{|m_1|-1}{2} + \frac{|m_2|-1}{2}} \text{ und}$$

$$(-1)^{\frac{(m_1 m_2)^2-1}{8}} = (-1)^{\frac{m_1^2-1}{8} + \frac{m_2^2-1}{8}}.$$

Jetzt folgt leicht

Satz 67: *Das Jacobi-Symbol* $\left(\frac{a}{m}\right)$ *ist für positive m ein Restcharakter* mod $4a$.

Aus (101) folgt nämlich $\left(\frac{a}{m_1}\right)\left(\frac{a}{m_2}\right) = \left(\frac{a}{m_1 m_2}\right)$ und nach Satz 65 ist $\left(\frac{a}{m_1}\right) = \left(\frac{a}{m_2}\right)$ für $m_1 \equiv m_2 \bmod 4a$, $m_i > 0$. Auch ist $\left(\frac{a}{m}\right)$ für alle zu $4a$ teilerfremden m erklärt.

Die Gleichung $\left(\frac{a}{m}\right) = \Pi \left(\frac{a}{p}\right)$ diente Jacobi zur Definition des Symbols $\left(\frac{a}{m}\right)$ für zusammengesetzte Nenner. Zweckmäßigerweise definiert man noch:

$$(102) \qquad \left(\frac{a}{2}\right) = \left(\frac{a}{-2}\right) = \begin{cases} +1 \text{ für } a \equiv 1\,(8) \\ -1 \text{ für } a \equiv 5\,(8), \end{cases}$$

so daß jetzt mit der Definitionsgleichung von Jacobi das Symbol $\left(\frac{a}{m}\right)$ für alle $m \neq 0$ und alle zu m teilerfremden a, die bei $m \equiv 0(2)$ noch der Einschränkung $a \equiv 1(4)$ genügen, erklärt ist. Da nach dem 2. Ergänzungssatz $\left(\frac{2}{a}\right) = (-1)^{\frac{a^2-1}{8}}$ ist, gilt $\left(\frac{a}{2}\right) = \left(\frac{2}{a}\right)$, soweit $\left(\frac{a}{2}\right)$ definiert ist.

Mit dieser Erweiterung des Definitionsbereichs von $\left(\frac{a}{m}\right)$ gilt

Satz 68: *Das Symbol* $\left(\frac{a}{m}\right)$ *ist bei* $a \equiv 0$ *oder* $\equiv 1(4)$ *für positive m ein Restcharakter* mod a.

Die Multiplikationseigenschaft folgt aus $\left(\frac{a}{m}\right) = \Pi \left(\frac{a}{p}\right)$ in dem erweiterten Definitionsbereich und die Bestimmung von $\left(\frac{a}{m}\right)$ durch m mod a aus dem Reziprozitätsgesetz. Sei zunächst $a \equiv 1(4)$ und $m = 2^\alpha m'$ mit $m' \equiv 1(2)$. Dann ist

$$(103)\quad \left(\frac{a}{m}\right)=\left(\frac{a}{2^\alpha m'}\right)=\left(\frac{a}{2}\right)^\alpha\left(\frac{a}{m'}\right)=\left(\frac{2}{a}\right)^\alpha\left(\frac{m'}{a}\right)=\left(\frac{m}{a}\right),$$

also $\left(\frac{a}{m}\right)$ durch m mod a bestimmt. Sei zweitens $a\equiv 0(4)$, also $a=2^\beta a'$ mit $\beta\geqq 2$ und $a'\equiv 1(2)$; dann ist auch $m\equiv 1$ (2). Jetzt ist

$$(104)\quad \left(\frac{a}{m}\right)=\left(\frac{2^\beta a'}{m}\right)=\left(\frac{2}{m}\right)^\beta\left(\frac{a'}{m}\right)=$$

$$=(-1)^{\beta\frac{m^2-1}{8}}(-1)^{\frac{m-1}{2}\frac{a'-1}{2}}\left(\frac{m}{a'}\right).$$

Auf der rechten Seite ist $\left(\frac{m}{a'}\right)$ bestimmt durch m mod a' und $(-1)^{\frac{m-1}{2}}$ durch m mod 4; der erste Faktor ist für gerades β gleich 1 und für ungerades β durch m mod 8 bestimmt. Die ganze rechte Seite ist also für $\beta=2$ eine Funktion von m mod $4a'$ und für $\beta\geqq 3$ eine Funktion von m mod $8a'$, in jedem Fall eine Funktion von m mod a.

Bei $a\equiv 0,1(4)$ ist für positive m, n noch $\left(\frac{a}{m}\right)=\left(\frac{a}{n}\right)$ sgn a, wenn $m\equiv -n\,(a)$.

Das Reziprozitätsgesetz liefert einen Algorithmus zur Berechnung des quadratischen Restsymbols:

$$\left(\frac{19}{79}\right)=-\left(\frac{79}{19}\right)=-\left(\frac{3}{19}\right)=+\left(\frac{19}{3}\right)=+1,$$

$$\left(\frac{91}{281}\right)=\left(\frac{281}{91}\right)=\left(\frac{8}{91}\right)=\left(\frac{2}{91}\right)=-1,$$

$$\left(\frac{19427}{118291}\right)=-\left(\frac{19427}{1729}\right)=-\left(\frac{2}{7}\right)\left(\frac{5}{13}\right)\left(\frac{9}{19}\right)=+1.$$

Das erste Beispiel verwendet nur Legendre-Symbole; im zweiten treten zusammengesetzte Nenner, also Jacobi-Symbole auf. Im dritten Beispiel wird die Gleichung (101) oder, was auf dasselbe hinauskommt, die Jacobische Definition des Restsymbols gebraucht.

§ 25. Der dritte Gaußsche Beweis des Reziprozitätsgesetzes

Wir bringen noch den dritten — von Eisenstein vereinfachten — der acht Gaußschen Beweise des quadratischen Reziprozitätsgesetzes, der wie die meisten der zahlreichen veröffentlichten Beweise unmittelbar vom Gaußschen Lemma ausgeht, ohne den Hauptsatz der quadratischen Reste zu streifen. Er ist dadurch viel kürzer als der vorausgeschickte, allerdings auch weniger durchsichtig.

Es seien p und q positive ungerade Zahlen. Wir betrachten zuerst $\left(\frac{q}{p}\right)$ und bilden wie im Gaußschen Lemma die $\frac{p-1}{2}$ ersten Vielfachen

$$(104)\qquad qx = \left[\frac{qx}{p}\right] p + r_x,\ x = 1, 2, \ldots, \frac{p-1}{2}.$$

Die Reste r_x werden der Größe nach geordnet:

$$(105)\qquad r_x = a_1, a_2, \ldots, a_\lambda, p - c_1, \ldots, p - c_\mu,$$

und so bezeichnet, daß $a_1, \ldots, a_\lambda$ in der unteren Resthälfte mod p und $p - c_1, \ldots, p - c_\mu$ in der oberen Resthälfte liegen. Die $c_1, \ldots, c_\mu$ liegen in der unteren Resthälfte und ergeben mit den $a_1, \ldots, a_\lambda$ zusammen die Zahlen 1, $2, \ldots, \frac{p-1}{2}$. Setzt man

$$A = a_1 + a_2 + \cdots + a_\lambda,\quad C = c_1 + c_2 + \cdots + c_\mu,$$

so ist

$$(106)\qquad A + C = \frac{p^2-1}{8}.$$

Durch Summieren von (104) über alle x erhält man

$$(107)\qquad \frac{p^2-1}{8} q = \sum_{x=1}^{\frac{p-1}{2}} \left[\frac{qx}{p}\right] p + A - \mu p - C$$

$$\frac{p^2-1}{8} \cdot \equiv \Sigma \left[\frac{qx}{p}\right] + \mu + A + C \bmod 2.$$

wegen (106) also $\mu \equiv \Sigma\,[qx:p] \bmod 2$. Es gilt dann nach dem Gaußschen Lemma, wenn man die gleiche Betrachtung für $\left(\frac{p}{q}\right)$ macht,

$$\left(\frac{q}{p}\right)\left(\frac{p}{q}\right) = (-1)^{\sum\limits_{x=1}^{\frac{p-1}{2}} \left[\frac{qx}{p}\right] + \sum\limits_{y=1}^{\frac{q-1}{2}} \left[\frac{py}{q}\right]}.$$

Daraus folgt das Reziprozitätsgesetz für positive p, q, da der Exponent von -1 kongruent $\frac{p-1}{2}\frac{q-1}{2}$ ist. Denn es gilt sogar die Gleichheit

$$\sum_{x=1}^{\frac{p-1}{2}} \left[\frac{qx}{p}\right] + \sum_{y=1}^{\frac{q-1}{2}} \left[\frac{py}{q}\right] = \frac{p-1}{2}\frac{q-1}{2}. \tag{108}$$

Bildet man nämlich die $\frac{p-1}{2}\frac{q-1}{2}$ Ausdrücke $qx - py$, von denen keiner gleich Null ist, so sind diese bei festem x genau für $y = 1, 2, \ldots, \left[\frac{qx}{p}\right]$ positiv, also für $\left[\frac{qx}{p}\right]$ Werte y, d. h. die erste Summe ist gleich der Anzahl der positiven $qx - py$. Entsprechend ist die zweite Summe gleich der Anzahl der negativen $qx - py$, so daß beide zusammen die Anzahl aller Ausdrücke $qx - py$ ergeben.

§ 26. Anwendungen. Biquadratische Reste

Daß 2 quadratischer Rest für Primzahlen $p \equiv \pm 1(8)$ und 3 nichtquadratischer Rest für Primzahlen $p \equiv 5(12)$ ist, kann zur Entscheidung, ob eine Zahl $2^m \pm 1$ Primzahl ist, beitragen.

Satz 69: *Die Zahl* $2^m + 1$ *ist für* $m \geqq 2$ *dann und nur dann Primzahl, wenn*

$$3^{2^{m-1}} \equiv -1 \bmod 2^m + 1. \tag{109}$$

Wenn $2^m + 1$ Primzahl ist, dann ist nach Satz 22 der Exponent $m = 2^s$, also für $m \geqq 2$ gerade. Dann ist $2^m \equiv 4$ (12) und $2^m + 1 \equiv 5(12)$, und damit 3 Nichtrest mod $2^m + 1$. Da jetzt $\varphi(2^m + 1) = 2^m$ ist, ergibt das Eulersche Kriterium die Kongruenz (109). Gilt umgekehrt (109), so folgt $3^{2^m} \equiv 1$ $(2^m + 1)$. Ist nun p ein Primteiler von $2^m + 1$, so hat 3 mod p eine Ordnung, die ein Teiler von 2^m ist. Diese Ordnung kann nicht kleiner als 2^m sein, denn sonst wäre $3^{2^{m-1}} \equiv 1(p)$, was wegen $p > 2$ ein Widerspruch zu (109) ist. Also ist $p = 2^m + 1$.

Für die Primteiler p von $2^{2^s} + 1$ gilt $p \equiv 1 \bmod 2^{s+2}$ für $s > 1$. Aus $p \mid 2^{2^s} + 1$ folgt nämlich $2^{2^s} \equiv -1\,(p)$ und daraus $2^{2^{s+1}} \equiv 1\,(p)$; also hat 2 mod p die Ordnung 2^{s+1}. Daher ist $p \equiv 1\,(2^{s+1})$ und $\equiv 1\,(8)$ für $s > 1$ und dann 2 quadratischer Rest mod p. Also ist die Ordnung 2^{s+1} von 2 mod p ein Teiler von $\frac{p-1}{2}$; d. h. es ist $p \equiv 1 \bmod 2^{s+2}$.

So kommen für $2^{32} + 1$ von vornherein nur Primteiler der Form $128n + 1$ in Frage, also $p = 257, 641, 769, \ldots$, wovon 257 als Teiler von $2^{32} + 1$ ausscheidet und 641 sich gleich als Teiler erweist. Ohne Verfeinerung des Verfahrens wächst die Zahl der Proben mit s allerdings sehr stark.

Sind $p = 4n + 3, n > 0$, und $q = 2p + 1$ Primzahlen, so ist $2^p - 1$ keine Primzahl, sondern durch q teilbar. Denn dann ist $q \equiv -1(8)$, also 2 quadratischer Rest mod q und $2^p \equiv 1(q)$. Wegen $q < 2^p - 1$ bei $p > 3$ ist q echter Teiler von $2^p - 1$. Beispiele: $p = 11, 23, 83, 251$.

Wir bringen nun eine Anwendung auf die Theorie der biquadratischen Reste. Hier gilt zunächst

Satz 70: *Die Zahl* -4 *ist für alle Primzahlen* $p = 4n + 1$ *und nur für diese Primzahlen biquadratischer Rest.*

Beweis: Für $p \equiv 3(4)$ ist -4 nicht-quadratischer, also auch nicht-biquadratischer Rest. Bei $p \equiv 1(4)$ ist die Zahl -1 nach Satz 46 biquadratischer Rest für $p \equiv 1(8)$ und Nichtrest für $p \equiv 5(8)$. Dieselbe biquadratische Restverteilung gilt aber für die Zahl 4; denn 4 ist als Quadrat von 2 da biquadratischer Rest, wo 2 quadratischer Rest ist. Also ist das Produkt $-1 \cdot 4$ sicher für ein $p = 8n + 1$ biquadratischer Rest. Aber auch für $p = 8n + 5$ ist -4 biquadratischer Rest. Denn dann ist ind $(-1) \equiv 2(4)$ und, weil ind

$2 \equiv 1(2)$, ist auch ind $4 \equiv 2(4)$, also ind $-4 \equiv 0(4)$. *Die Zahl* -4 *ist also genau dann biquadratischer Rest* mod p, *wenn sie quadratischer Rest* mod p *ist.*

Von Gauß stammt

Satz 71: *Die Zahl* 2 *ist biquadratischer Rest für die Primzahlen der Form* $x^2 + 64y^2$ *und unter den Primzahlen* $\equiv 1$ mod 4 *nur für diese.*

Nach § 18 ist für $p \equiv 3\,(4)$ eine Zahl genau dann biquadratischer Rest, wenn sie quadratischer Rest ist.

Beweis nach Dirichlet: Wenn $p \equiv 1(4)$ gilt, ist p als Summe zweier Quadrate darstellbar: $p = a^2 + c^2$ und etwa $c = 2b$. Dann ist

$$(a+c)^2 \equiv 2ac \mod p, \tag{110}$$

somit bei $c \equiv ja, j^2 \equiv -1(p)$

$$\left(\frac{a+c}{p}\right) \equiv (a+c)^{\frac{p-1}{2}} \equiv (2ac)^{\frac{p-1}{4}} \equiv \tag{111}$$

$$\equiv (2j)^{\frac{p-1}{4}} a^{\frac{p-1}{2}} \mod p.$$

Nun ist $a^{\frac{p-1}{2}} \equiv 1 \mod p$. Denn es ist $a^{\frac{p-1}{2}} \equiv \left(\frac{a}{p}\right) \mod p$, und $\left(\frac{a}{p}\right)$ ist nach dem Reziprozitätsgesetz wegen $p \equiv 1\,(4)$ gleich $\left(\frac{p}{a}\right)$; das ist aber gleich 1, da $p = a^2 + c^2$, also $p \equiv c^2$ (a) ist. Damit gilt

$$\left(\frac{a+c}{p}\right) \equiv (2j)^{\frac{p-1}{4}} \mod p. \tag{112}$$

Ferner ist $2p = (a+c)^2 + (a-c)^2$, also $2p \equiv (a-c)^2$ mod $(a+c)$ und damit $\left(\frac{2p}{a+c}\right) = 1$. Daraus und aus dem Reziprozitätsgesetz folgt andererseits

$$\left(\frac{a+c}{p}\right) = \left(\frac{p}{a+c}\right) = \left(\frac{2p^2}{a+c}\right) = \left(\frac{2}{a+c}\right)$$

und dann aus dem 2. Ergänzungssatz

$$\left(\frac{a+c}{p}\right) = (-1)^{\frac{(a+c)^2-1}{8}}. \tag{113}$$

Hier ist $(a+c)^2 - 1 = p - 1 + 2ac = 4\left(\frac{p-1}{4} + ab\right)$. Damit ergeben (112), (113)

$$2^{\frac{p-1}{4}} j^{\frac{p-1}{4}} \equiv (-1)^{\frac{1}{2}\left(\frac{p-1}{4}+ab\right)} \bmod p$$

oder wegen $-1 \equiv j^2 \bmod p$

$$2^{\frac{p-1}{4}} \equiv j^{ab} \bmod p. \tag{114}$$

Aus dieser für alle $p = a^2 + 4b^2$ gültigen Kongruenz folgt unser Satz. Denn nach dem Eulerschen Kriterium ist 2 biquadratischer Rest mod p genau dann, wenn $2^{\frac{p-1}{4}} \equiv 1$ mod p ist, d. h. hier, wenn $ab \equiv 0(4)$, also $b \equiv 0(4)$ ist.

IV. Quadratische Formen

§ 27. Klassen quadratischer Formen

Wir beschäftigen uns jetzt mit den Darstellungen einer Zahl durch quadratische Formen

$$F(x, y) = ax^2 + bxy + cy^2 = (a, b, c), \tag{115}$$

wie man sie abkürzend durch ihre ganz-rationalen Koeffizienten a, b, c bezeichnet. Einzelne Fragen dieser Art sind uns schon begegnet. Wie früher werden wir die Darstellung einer Zahl k durch die Form (a, b, c) als *eigentlich* bezeichnen, wenn in $k = ax^2 + bxy + cy^2$ die Zahlen x und y zueinander teilerfremd sind. Es wird genügen, die Zahlen zu betrachten, die durch eine gegebene Form eigentlich darstellbar sind, da die andern aus diesen durch Multiplikation mit den Quadratzahlen hervorgehen, denn aus $k = F(x, y)$ folgt $t^2k = F(tx, ty)$. Ebenfalls reicht es, *primitive* Formen zu betrachten, d. h. Formen mit teilerfremden a, b, c; denn die durch (ta, tb, tc) darstellbaren Zahlen sind einfach die t-fachen der durch (a, b, c) darstellbaren.

Die Frage nach den Darstellungen einer Zahl k durch $F(x, y)$ ist äquivalent mit dieser Frage für eine ganze Klasse von quadratischen Formen. Unterwirft man nämlich die x, y einer linearen Substitution

$$(116)\qquad \begin{aligned} x_1 &= r_1 x + v_1 y \quad \text{mit der Determinante} \\ y_1 &= s_1 x + w_1 y \quad r_1 w_1 - s_1 v_1 = \pm 1, \end{aligned}$$

und ganzen Koeffizienten — einer unimodularen Substitution —, so ergibt jedes ganzzahlige Paar x, y ein ganzzahliges Paar x_1, y_1 und, eben wegen der Voraussetzung $r_1 w_1 - s_1 v_1 = \pm 1$, auch umgekehrt. Die Transformation (116) ist durch das Schema

$$(117)\qquad \mathfrak{S}_1 = \begin{pmatrix} r_1 & v_1 \\ s_1 & w_1 \end{pmatrix}$$

bestimmt. Unterwirft man nun die x, y in $F(x, y) = (a, b, c)$ der Substitution (116), so wird

$$F(x_1, y_1) = (ar_1^2 + br_1 s_1 + cs_1^2)\, x^2 +$$
$$+ (2ar_1 v_1 + b(r_1 w_1 + s_1 v_1) + 2cs_1 w_1)xy + (av_1^2 + bv_1 w_1 + cw_1^2)\, y^2.$$

Die Transformation (116) der x, y bewirkt demnach die Transformation der Form (a, b, c) in die Form

$$(118)\qquad F_1(x, y) = a_1 x^2 + b_1 xy + c_1 y^2 = (a_1, b_1, c_1).$$

Die Transformation der Koeffizienten ist gegeben durch

$$(119)\qquad \begin{aligned} a_1 &= ar_1^2 + br_1 s_1 + cs_1^2;\ c_1 = av_1^2 + bv_1 w_1 + cw_1^2; \\ b_1 &= 2ar_1 v_1 + b(r_1 w_1 + s_1 v_1) + 2cs_1 w_1. \end{aligned}$$

Jede Darstellung von k durch (a, b, c) ergibt mit (116) eine Darstellung von k durch (a_1, b_1, c_1), eine eigentliche Darstellung wieder eine eigentliche, und umgekehrt. *Die beiden Formen stellen also dieselben Zahlen dar*, und zwar gleich oft, und sind zugleich primitiv. Den Zusammenhang zwischen F und F_1 bringen wir zum Ausdruck durch

$$(120)\qquad F_1 = F^{\mathfrak{S}_1} \text{ oder } (a_1, b_1, c_1) = (a, b, c)^{\mathfrak{S}_1}.$$

Man nennt den Ausdruck $b^2 - 4ac = D$, der sich als höchst bedeutsam herausstellen wird, die **Diskriminante** der quadratischen Form (a, b, c) und berechnet aus (119) die Gleichung

(121) $$D_1 = b_1^2 - 4a_1c_1 = (b^2 - 4ac)(r_1w_1 - s_1v_1)^2 = b^2 - 4ac.$$

Die quadratischen Formen F und $F^{\mathfrak{S}_1}$ haben dieselbe Diskriminante.

Ist F transformierbar in F_1 und F_1 in F_2, gelten also die Gleichungen

(122) $$\begin{aligned} F_1(x, y) &= F(r_1x + v_1y, s_1x + w_1y), \\ \mathfrak{S}_1 &= \begin{pmatrix} r_1 & v_1 \\ s_1 & w_1 \end{pmatrix}, \; F_1 = F^{\mathfrak{S}_1}, \\ F_2(x, y) &= F_1(r_2x + v_2y, s_2x + w_2y), \\ \mathfrak{S}_2 &= \begin{pmatrix} r_2 & v_2 \\ s_2 & w_2 \end{pmatrix}, \; F_2 = F_1^{\mathfrak{S}_2}, \end{aligned}$$

so folgt

(123) $$\begin{aligned} F_2(x,y) &= F\big(r_1(r_2x + v_2y) + v_1(s_2x + w_2y); \\ &\qquad s_1(r_2x + v_2y) + w_1(s_2x + w_2y)\big) \\ &= F\big((r_1r_2 + v_1s_2)x + (r_1v_2 + v_1w_2)y; \\ &\qquad (s_1r_2 + w_1s_2)x + (s_1v_2 + w_1w_2)y\big). \end{aligned}$$

Man definiert als Produkt zweier „Matrizen" $\mathfrak{S}_1$ und $\mathfrak{S}_2$

(124) $$\mathfrak{S}_1\mathfrak{S}_2 = \begin{pmatrix} r_1 & v_1 \\ s_1 & w_1 \end{pmatrix} \begin{pmatrix} r_2 & v_2 \\ s_2 & w_2 \end{pmatrix} = \begin{pmatrix} r_1r_2 + v_1s_2, & r_1v_2 + v_1w_2 \\ s_1r_2 + w_1s_2, & s_1v_2 + w_1w_2 \end{pmatrix}$$

und hat dann (123) in der Form $F_2 = F^{(\mathfrak{S}_1\mathfrak{S}_2)}$. Zieht man (122) heran, so erhält man

(125) $$F_2 = (F^{\mathfrak{S}_1})^{\mathfrak{S}_2} = F^{\mathfrak{S}_1\mathfrak{S}_2}.$$

Da die Determinante von $\mathfrak{S}_1\mathfrak{S}_2$ gleich dem Produkt der Determinanten von $\mathfrak{S}_1$ und $\mathfrak{S}_2$, also wieder gleich ± 1 ist, haben wir die Transformierkeit von F in F_2 gezeigt. Weitere Anwendung von $\mathfrak{S}_3$ auf F_2 führt zu $((F^{\mathfrak{S}_1})^{\mathfrak{S}_2})^{\mathfrak{S}_3}$; das ist nach (125) einerseits gleich $F^{(\mathfrak{S}_1\mathfrak{S}_2)\mathfrak{S}_3}$ und andererseits gleich $F^{\mathfrak{S}_1(\mathfrak{S}_2\mathfrak{S}_3)}$. *Es gilt also für unsere Transformationen das Assoziativgesetz.*

Die Form $F_1 = F^{\mathfrak{S}_1}$ läßt sich nun wieder in die Form F zurücktransformieren. Setzen wir nämlich $\mathfrak{S}_1^{-1} = \pm \begin{pmatrix} w_1, & -v_1 \\ -s_1, & r_1 \end{pmatrix}$, wo $+$ bei positiver Determinante $r_1 w_1 - s_1 v_1$ und $-$ bei negativer zu setzen ist, so ist nach (124) das Produkt $\mathfrak{S}_1^{-1} \mathfrak{S}_1 = \mathfrak{S}_1 \mathfrak{S}_1^{-1} = \begin{pmatrix} 1 & 0 \\ 0 & 1 \end{pmatrix} = \mathfrak{E}$ und damit nach (125) die aus F_1 transformierte Form $F_1^{\mathfrak{S}_1^{-1}} = F^{\mathfrak{S}_1 \mathfrak{S}_1^{-1}} = F^{\mathfrak{E}} = F$.

Die Transformierbarkeit quadratischer Formen ist also reflexiv, transitiv und symmetrisch. Sie liefert demnach eine Klasseneinteilung der Formen: Zwei Formen F_1 und F_2 gehören dann und nur dann derselben Klasse an, wenn $F_2 = F_1^{\mathfrak{S}}$ und $\mathfrak{S}$ dabei eine ganzzahlige Matrix der Determinante ± 1 ist.

Auch die Transformierbarkeit zweier quadratischen Formen ineinander mittels einer „*eigentlich unimodularen*" Substitution, d. h. einer, deren Determinante gleich $+1$ ist, liefert eine Klasseneinteilung, die Einteilung in die Klassen *äquivalenter* oder *eigentlich äquivalenter* Formen. Man schreibt $F_1 \sim F_2$, wenn F_1 und F_2 eigentlich äquivalent sind, und $F_1 \simeq F_2$, wenn sie *uneigentlich äquivalent* sind, d. h. mittels einer Substitution der Determinante -1 auseinander hervorgehen. Es gilt:

Wenn $F_1 \simeq F_2$ und $F_2 \simeq F_3$ ist, dann ist $F_1 \sim F_3$;

wenn $F_1 \simeq F_2$ und $F_2 \sim F_1$ ist, dann ist $F_1 \simeq F_3$.

Obwohl es für die Darstellungsaufgabe nicht nötig wäre, zwei nur uneigentlich äquivalente Formen in verschiedene Klassen zu tun, so gibt doch die Klasseneinteilung nach eigentlicher Äquivalenz gerade für die Darstellung zusammengesetzter Zahlen eine bessere Übersicht.

Man erhält so Paare zueinander uneigentlich äquivalenter Klassen von äquivalenten Formen und einzelne „*zweiseitige*" Klassen, deren Formen einander zugleich eigentlich und uneigentlich äquivalent sind.

Wir werden in § 30 und § 31 zeigen, daß es zu jeder Diskriminante D nur eine endliche Anzahl von Formenklassen gibt, die man kurz die *Klassenzahl* $h(D)$ von D nennt.

Eine bequeme Herleitung unserer Ergebnisse liefert die Matrizenrechnung. Unter $\mathfrak{A}^{(k,l)}$ sei ein rechteckiges Schema, eine Matrix, von k Zeilen und l Spalten ganz-rationaler Zahlen verstanden. Zwei Matrizen seien gleich, wenn in ihnen an gleicher Stelle dieselben Zahlen stehen. Das Produkt zweier Matrizen werde erklärt für den Fall, daß die Anzahl der Spalten in der ersten Matrix ebenso groß ist wie die Anzahl der Zeilen in der zweiten Matrix, $\mathfrak{A}^{(h,l)}\,\mathfrak{B}^{(l,m)}$, und zwar soll die Zahl, die in der Produktmatrix in der μ-ten Zeile in der ν-ten Spalte steht, dadurch gebildet werden, daß man die Zahlen der μ-ten Zeile der ersten Matrix nacheinander mit den in derselben Reihenfolge genommenen Zahlen der ν-ten Spalte der zweiten Matrix multipliziert und dann addiert. Man überzeugt sich leicht, daß die Multiplikation von mehr als zwei Matrizen, falls überhaupt möglich, auch assoziativ ist. Versteht man unter $\mathfrak{A}'$ die zu $\mathfrak{A}$ „transponierte" Matrix, deren Zeilen die Spalten von $\mathfrak{A}$ und deren Spalten die Zeilen von $\mathfrak{A}$ sind, so ist $(\mathfrak{A}\,\mathfrak{B})' = \mathfrak{B}'\,\mathfrak{A}'$.

Die durch (124) definierte Multiplikation zweireihiger quadratischer Matrizen ist ein Sonderfall unserer neuen Definition. Ist $\mathfrak{X}$ die Matrix $\begin{pmatrix} x \\ y \end{pmatrix}$, also $\mathfrak{X}' = (x, y)$, so wird (116) zu $\mathfrak{X}_1 = \mathfrak{S}_1\mathfrak{X}$. Ordnen wir der Form $F = (a, b, c)$ die Matrix $\mathfrak{A} = \begin{pmatrix} 2a & b \\ b & 2c \end{pmatrix}$ zu, so wird (115) zu $2F(x, y) = \mathfrak{X}'\mathfrak{A}\mathfrak{X}$. Die Determinante von $\mathfrak{A}$ ist $4ac - b^2 = -D$. Die Transformationsgleichungen nehmen jetzt folgende Gestalt an:

$$2F_1(x, y) = 2F^{\mathfrak{S}_1} = \mathfrak{X}'\mathfrak{S}_1'\mathfrak{A}\mathfrak{S}_1\mathfrak{X}.$$

Der transformierten Form ist danach die Matrix $\mathfrak{S}_1'\mathfrak{A}\mathfrak{S}_1$ zugeordnet, welche dieselbe Determinante wie $\mathfrak{A}$ besitzt. Weiter ist $2F^{\mathfrak{S}_1\mathfrak{S}_2} = \mathfrak{X}'(\mathfrak{S}_1\mathfrak{S}_2)'\mathfrak{A}(\mathfrak{S}_1\mathfrak{S}_2)\,\mathfrak{X} = \mathfrak{X}'\mathfrak{S}_2\mathfrak{S}_1'\mathfrak{A}\mathfrak{S}_1\mathfrak{S}_2\mathfrak{X}$.

Die Matrizen $\mathfrak{S}$ der Determinante ± 1 bilden wie auch die Matrizen der Determinante $+1$ eine Gruppe. Wir bemerken noch $(\mathfrak{S}_1\mathfrak{S}_2)^{-1} = \mathfrak{S}_2^{-1}\,\mathfrak{S}_1^{-1}$ und $(\mathfrak{S}^a)^{-1} = (\mathfrak{S}^{-1})^a = \mathfrak{S}^{-a}$. Diese Gruppen sind nicht abelsch; z. B. wird

$$\begin{pmatrix} 0 & 1 \\ -1 & 0 \end{pmatrix}\begin{pmatrix} 1 & 0 \\ 1 & 1 \end{pmatrix} = \begin{pmatrix} 1 & 1 \\ -1 & 0 \end{pmatrix}, \quad \begin{pmatrix} 1 & 0 \\ 1 & 1 \end{pmatrix}\begin{pmatrix} 0 & 1 \\ -1 & 0 \end{pmatrix} = \begin{pmatrix} 0 & 1 \\ -1 & 1 \end{pmatrix}.$$

§ 28. Diskriminanten

Die Bedeutung der Diskriminante $D = b^2 - 4ac$ der quadratischen Form (a, b, c) hat sich schon im vorigen Paragraphen gezeigt: Alle Formen derselben Klasse haben dieselbe Diskriminante. Sie geht noch viel weiter.

Als notwendige Bedingung für die eigentliche Darstellbarkeit der Zahl m durch die primitive Form (a, b, c) werden wir in Erweiterung des in Satz 58 genannten Falls $b = 0$ erhalten, daß die Diskriminante D einem Quadrat mod m kongruent ist. Ist dabei m zu D teilerfremd, also D quadratischer Rest für m, so ist umgekehrt m wenigstens durch irgendeine Form der Diskriminante D darstellbar, wenn D überhaupt als Diskriminante vorkommt. Wir teilen darum alle quadratischen Formen zuerst nach ihrer *Diskriminante* ein.

Diskriminantenzahlen sind die positiven und negativen Zahlen $D \equiv 0$ oder $\equiv 1 \bmod 4$. Die Diskriminanten haben diese Eigenschaft, und umgekehrt braucht man zu solchem D nur $b \equiv D \bmod 2$ zu wählen, und man hat mit $b^2 - D = 4c$ in $(1, b, c)$ eine Form der Diskriminante D. Bei $D \equiv 0 (4)$ ist $b = 0$ und bei $D \equiv 1 (4)$ ist $b = 1$ möglich. Die Form $\left(1, 0, -\frac{D}{4}\right)$ bei $D \equiv 0 (4)$ und die Form $\left(1, 1, \frac{1-D}{4}\right)$ bei $D \equiv 1 (4)$ heißen die *Hauptformen* zur Diskriminante D.

Wichtige Aufschlüsse gibt uns bei $a \neq 0$ die Gleichung

$$(126) \qquad 4a F(x, y) = (2ax + by)^2 - Dy^2.$$

Dann haben bei $D > 0$ die Werte $4aF(1, 0) = 4a^2$ und $4aF(-b, 2a) = -4a^2D$ verschiedene Vorzeichen. *$F(x, y)$ nimm also bei $D > 0$ positive und negative Werte an.* Solche Formen nennt man *indefinit.* Im Falle $a = 0$ ist $D = b^2$ eine Quadratzahl. Quadratische Diskriminanten betrachten wir gesondert.

Ist $D < 0$, so steht auf der rechten Seite von (126) eine Summe von Quadraten, die nur für $x = y = 0$ verschwindet und sonst positiv ist. *$F(x, y)$ hat also bei $D < 0$ außer für $x = y = 0$ stets das Vorzeichen von a.* Solche Formen nennt man *definit.* Für $D < 0$ werden wir nur die positiv definiten

Formen betrachten, also a und damit auch c positiv annehmen. Das reicht, weil $(-a, -b, -c)$ immer $-k$ darstellt, wenn k durch (a, b, c) dargestellt wird.

Die Behandlung der indefiniten Formen ist wesentlich schwieriger als die der definiten Formen. Im definiten Fall folgt aus (126), daß $k = F(x, y)$ nur endlich viele Lösungen besitzt, was für indefinite Formen nicht mehr zutrifft.

Bei quadratischer Diskriminante $D = q^2$ und $a \neq 0$ wird (126) zu

$$(127)\quad 4a\,F(x, y) = (2a\,x + (b - q)\,y)\,(2a\,x + (b + q)\,y).$$

Wegen $b^2 - 4ac = q^2$ ist zunächst $b \equiv q(2)$, und damit ist

$$a\,F(x, y) = \left(a\,x + \frac{b-q}{2}\,y\right)\left(a\,x + \frac{b+q}{2}\,y\right)$$

eine Zerlegung von $aF(x, y)$ in ganzzahlige Linearformen. Da überdies $a \left| \frac{b-q}{2}\,\frac{b+q}{2}\right.$ ist, so folgt aus $\left(a, \frac{b-q}{2}\right) = t$ und $a = ta'$ die Teilbarkeit $a' \left| \frac{b+q}{2}\right.$. Es ist also

$$F(x, y) = \left(\frac{a}{t}\,x + \frac{b-q}{2t}\,y\right)\left(\frac{a}{a'}\,x + \frac{b+q}{2a'}\,y\right)$$

eine Zerlegung von $F(x, y)$ in ganzzahlige Linearfaktoren. Wegen $bxy + cy^2 = (bx + cy)\,y$ folgt allgemein: *Wenn die Diskriminante einer quadratischen Form ein Quadrat — auch Null — ist, zerfällt die Form in Linearfaktoren.* Umgekehrt ist die Diskriminante von $(kx + ly)\,(mx + ny)$ gleich $(kn - lm)^2$, also ein Quadrat.

Bei quadratischen Diskriminanten entsteht eine lineare Darstellungsaufgabe. Wir schließen sie im folgenden von der Betrachtung aus. Von den übrigen sind am wichtigsten die *Fundamentaldiskriminanten*; das sind die Diskriminanten, die keine echte Zerlegung $D = dq^2$ besitzen, bei der d wieder Diskriminante ist. Für $D \equiv 1(4)$ und $D = dq^2$ ist wegen $q^2 \equiv 1(4)$ auch $d \equiv 1(4)$ und damit Diskriminante. Eine Fundamentaldiskriminante $D \equiv 1(4)$ besitzt keine quadratischen Teiler. Ist $D \equiv 0(4)$ Fundamentaldiskriminante, so ist offensichtlich $D = 2^\alpha u$ mit $\alpha = 2$ oder $= 3$ und ungeradem u ohne quadratische Teiler. Für $\alpha = 2$ ist dann notwendig $u \equiv 3(4)$, also $D \equiv 12(16)$; für $\alpha = 3$ ist $D \equiv 8(16)$. Daß umgekehrt die quadratfreien Zahlen $D \equiv 1(4)$ und die Zahlen $D = 2^\alpha u$ für $\alpha = 2, 3$, wenn $u \equiv 1\,(2)$, quadratfrei und bei $\alpha = 2$ noch $\equiv 3(4)$ ist, Fundamentaldiskriminanten sind, ist klar. Zu einer Fundamentaldiskriminante gehören nur primitive Formen, weil (aq, bq, cq) die Diskriminante $(b^2 - 4ac)q^2$ hat. Jede Diskriminante D steht zu genau einer Fundamentaldiskriminante d in der Beziehung $D = dq^2$.

Im folgenden ist „Form" stets *primitiv* und „Darstellung" stets *eigentlich* gemeint. Wir beweisen schon

Satz 72: *Jede Form $F = (a, b, c)$ stellt Zahlen k dar, die zu gegebenem m teilerfremd sind.*

Denn die Werte

$$F(1, 0) = a,\ F(0, 1) = c,\ F(1, 1) = a + b + c$$

sind bei primitivem F teilerfremd; daher gibt es zu jedem Primteiler p_i von m ein Paar x_i, y_i mit $F(x_i, y_i) \not\equiv 0 \bmod p_i$. Ist nun $x \equiv x_i, y \equiv y_i (p_i)$ eine Simultanlösung für alle p_i, so ist $(F(x, y), m) = 1$. Ist dabei $(x, y) = d$, so liefert $F\left(\frac{x}{d}, \frac{y}{d}\right)$ eine eigentliche Darstellung.

§ 29. Darstellbarkeit

Wir wenden uns jetzt der Darstellungsaufgabe zu. Hier gilt zunächst (bei obiger Vereinbarung!)

Satz 73: *Wenn die Form $F = (a, b, c)$ die Zahl $k > 0$ darstellt, dann gibt es eine zu F äquivalente Form (k, l, m) mit $-k < l \leqq k$. Ist die Form F einer Form (k, l, m) äquivalent, so ist k durch F darstellbar.*

Ist nämlich $k = a x_1^2 + b x_1 y_1 + c y_1^2$ mit $(x_1, y_1) = 1$, so gibt es ein Zahlenpaar v_1, w_1 mit $x_1 w_1 - y_1 v_1 = +1$. Die Substitution $\mathfrak{S} = \begin{pmatrix} x_1 & v_1 \\ y_1 & w_1 \end{pmatrix}$ bewirkt dann eine Transformation von (a, b, c) in eine äquivalente Form, deren erster Koeffizient nach (119) die Zahl k ist: $F^{\mathfrak{S}} = (k, l', m')$. Die allgemeine Lösung von $x_1 w - y_1 v = 1$ ist

$$v = v_1 + x_1 t,\ w = w_1 + y_1 t \text{ mit beliebigem } t.$$

Durch die Substitutionen

$$(128) \qquad \begin{pmatrix} x_1, v_1 + x_1 t \\ y_1, w_1 + y_1 t \end{pmatrix} = \begin{pmatrix} x_1 & v_1 \\ y_1 & w_1 \end{pmatrix} \begin{pmatrix} 1 & t \\ 0 & 1 \end{pmatrix} = \mathfrak{S}\,\mathfrak{P}(t)$$

wird F nach (119) in die äquivalenten Formen

$$F^{\mathfrak{S}\mathfrak{P}(t)} = (k, l', m')^{\mathfrak{P}(t)} = (k, l' + 2kt, m'')$$

transformiert. Bezeichnet man zwei äquivalente Formen (a, b, c) und (a, b', c') als *parallel*, wenn $b' \equiv b \mod 2a$, so geht aus einer Darstellung von k durch F eine Schar paralleler, zu F äquivalenter Formen hervor. Genau eine Form dieser Schar genügt der Ungleichung $-k < l = l' + 2kt \leqq k$. Da äquivalente Formen dieselben Zahlen darstellen und k durch (k, l, m) mit $x = 1$, $y = 0$ dargestellt wird, gilt auch der zweite Teil des Satzes.

Zusammengefaßt: *Die Zahl k ist durch die Form F genau dann darstellbar, wenn F mit einer der Formen*

(129) (k,l,m), *wobei* $l^2 - 4km = D$ *und* $-k < l \leqq k$ *ist,*

äquivalent ist. Insbesondere ist die Zahl 1 durch F genau dann darstellbar, wenn F der Hauptform äquivalent ist. Die Anzahl der verschiedenen Formen (129) bei festem k ist für eine Fundamentaldiskriminante, zu der es ja nur primitive Formen gibt, gleich der Anzahl der Lösungen von

$$z^2 \equiv D \mod 4k, \; -k < z \leqq k.$$

Ist dagegen $D = dq^2$, so sind unter den (k, l, m) in (129) die imprimitiven zu streichen. Zusammenfassend haben wir

Satz 74: *Die Zahl k ist durch irgendeine Form der Diskriminante D genau dann darstellbar, wenn die Kongruenz $l^2 \equiv D \mod 4k$ lösbar und in $l^2 = D + 4km$ der gr. g. T. (k, l) zu m teilerfremd ist.*

Daraus folgt: Eine gerade oder ungerade Primzahl p ist sicher so darstellbar, wenn $\left(\frac{D}{p}\right) = +1$ ist. Denn dann ist die Kongruenz lösbar und die Bedingung für den gr. g. T. erfüllt. Dagegen ist p nicht so darstellbar, wenn $\left(\frac{D}{p}\right) = -1$ ist.

Nach Satz 68 hängt damit die Darstellbarkeit einer Primzahl $p \nmid D$ durch irgendeine Form der Diskriminante D nur von der Restklasse von p mod D ab.

Ein ungerader Primteiler p von D ist genau dann darstellbar, wenn $D \not\equiv 0 \bmod p^2$ ist. Denn jetzt wird die Kongruenz $l^2 \equiv D(4p)$ zu $l'^2 p \equiv D'(4)$ mit $l = l'p$ und $D = D'p$. Die letzte Kongruenz ist wegen $D'p \equiv 0$ oder $\equiv 1(4)$ lösbar, und in $l^2 = D + 4pm$ ist $(p, m) = 1$ wegen $p^2 \nmid D$. Dagegen ist $p|m$, wenn $p^2|D$.

Gilt $2|D$, so ist $l^2 \equiv D(8)$ oder $l'^2 \equiv D'(2)$ zu lösen. Die Lösung ergibt in $l^2 = D + 8m$ nur dann ein ungerades m, wenn $D \equiv 8$ oder $\equiv 12 \bmod 16$ ist. In diesen Fällen ist der Primteiler 2 von D durch ein F der Diskriminante D darstellbar.

Also: Wenn D Fundamentaldiskriminante ist, dann ist jeder Primteiler von D durch eine Form der Diskriminante D darstellbar.

Jede Darstellung $k = F(x, y)$ ergibt eine Substitution, durch die F in eine der Formen (129) transformiert wird; umgekehrt ergibt auch jede solche Substitution eine Lösung von $k = F(x, y)$. Dabei können verschiedene Darstellungen, etwa $k = F(x_1, y_1) = F(x_2, y_2)$ mit $\mathfrak{S}_1 = \begin{pmatrix} x_1 & v_1 \\ y_1 & w_1 \end{pmatrix}$ und $\mathfrak{S}_2 = \begin{pmatrix} x_2 & v_2 \\ y_2 & w_2 \end{pmatrix}$ zu derselben Form $G = (k, l, m)$ führen. Dann folgt aber aus $G = F^{\mathfrak{S}_1} = F^{\mathfrak{S}_2}$ die Gleichung $F^{\mathfrak{S}_1 \mathfrak{S}_2^{-1}} = F$, d. h. die Substitution $\mathfrak{A} = \mathfrak{S}_1 \mathfrak{S}_2^{-1}$ überführt F in sich: $F^{\mathfrak{A}} = F$. Eine solche Substitution nennt man eine *automorphe Substitution.*

Neben der Äquivalenz, die zwischen parallelen Formen besteht, treten noch andere spezielle Äquivalenzen häufig auf. Wir nennen die zu (a, b, c) äquivalente Form

$$(c, b, a) = (a, b, c)^{\mathfrak{M}} \text{ mit } \mathfrak{M} = \begin{pmatrix} 0 & 1 \\ 1 & 0 \end{pmatrix} \text{ zu } F \text{ assoziiert,}$$

$$(a, -b, c) = (a, b, c)^{\mathfrak{N}} \text{ mit } \mathfrak{N} = \begin{pmatrix} 1 & 0 \\ 0 & -1 \end{pmatrix} \text{ zu } F \text{ entgegengesetzt,}$$

$$(c, -b, a) = (a, b, c)^{\mathfrak{L}} \text{ mit } \mathfrak{L} = \mathfrak{M}\mathfrak{N} = \begin{pmatrix} 0 & -1 \\ 1 & 0 \end{pmatrix} \text{ zu } F \text{ komplementär.}$$

Dabei sind $F^{\mathfrak{M}}$ und $F^{\mathfrak{N}}$ zu F uneigentlich äquivalent. Für die Reduktion der quadratischen Formen sind am wichtigsten die *rechts benachbarten Formen* oder *Nachbarformen*

$$(130) \qquad (c, -b + 2ct, F(-1, t)) = (a, b, c)^{\mathfrak{R}};$$

$$\mathfrak{R} = \begin{pmatrix} 0 & -1 \\ 1 & t \end{pmatrix} = \mathfrak{L}\,\mathfrak{P}(t),$$

also die zur komplementären Form parallelen Formen.

Beispiele für Darstellungen:

1. $x^2 + y^2 = 5$. $k = 5$, $F = (1, 0, 1)$, $D = -4$.

$z^2 \equiv -4 \bmod 20$ hat mod 10 die Lösungen ± 4. Zugeordnete Formen: $(k, l, m) = (5, 4, 1)$ und $(5, -4, 1)$. Beide stellen die Eins dar und sind daher $\sim (1, 0, 1)$, und zwar Nachbarformen. Es wird z. B. $(5, 4, 1) = (1, 0, 1)^{\mathfrak{S}}$ und $(5, -4, 1) = (1, 0, 1)^{\mathfrak{T}}$ mit $\mathfrak{S} = \begin{pmatrix} 1 & 0 \\ 2 & 1 \end{pmatrix}$ und $\mathfrak{T} = \begin{pmatrix} 2 & -1 \\ 1 & 0 \end{pmatrix}$. Da $F^{\mathfrak{A}} = F$ für $\mathfrak{A} = \pm \mathfrak{E}$ und $\pm \begin{pmatrix} 0 & -1 \\ 1 & 0 \end{pmatrix}$ (vgl. § 30), gehören zu $(5, 4, 1)$ die aus $\mathfrak{A}\mathfrak{S}$ hervorgehenden Darstellungen $x, y = 1,2$; $-2, 1$; $-1, -2$; $2, -1$; zu $(5, -4, 1)$ mit vertauschtem x, y.

2. $x^2 + xy + 6y^2 = 6$. $F \equiv (1, 1, 6)$, $D = -23$.

$z^2 \equiv 1$ (24). Lösungen: ± 1, ± 5 mod 12. Zugeordnete Formen: $(6, \pm 1, 1)$ und $(6, \pm 5, 2)$. Das letzte Paar ist zu F inäquivalent, da 2 nach (126) bei $-Dy^2 \geqq 23$ nicht durch F darstellbar. Für das Formenpaar $F^{\mathfrak{S}, \mathfrak{T}} = (6, \pm 1, 1)$ hat man $\mathfrak{S} = \begin{pmatrix} 1 & 1 \\ -1 & 0 \end{pmatrix}$ und $\mathfrak{T} = \begin{pmatrix} 0 & -1 \\ 1 & 0 \end{pmatrix}$, und da hier nur $\pm \mathfrak{E}$ automorph sind (vgl. § 30), die einzigen Lösungen $\pm (1, -1)$ und $\pm (0, 1)$.

3. $x^2 + xy + 7y^2 = 9$. $D = -27$. $z^2 \equiv 9 \bmod 36$. $z \equiv 3(6)$; $\equiv 9, \pm 3 \bmod 18$. Primitive Formen sind $(k, l, m) = (9, \pm 3, 1)$; $l = 9$ scheidet aus. Da nur $\pm \mathfrak{E}$ automorph, bleiben nur die Lösungen $\pm (1, 1)$ und $\pm (2, -1)$.

Darstellungen durch indefinite Formen am Ende von § 31.

§ 30. Reduktion der definiten Formen

Die Form (a, b, c) sei positiv definit, also $a, c > 0$ und $D = b^2 - 4ac < 0$. $D = -\varDelta$; $\varDelta = 3, 4, 7, 8, 11, 12, \ldots$.

Gelingt es, in jeder Formenklasse von D eine ausgezeichnete Form (a, b, c) festzulegen und ein Verfahren, eine gegebene Form (k, l, m) der Diskriminante D durch eigentlich unimodulare Substitution in die zu ihr äquivalente ausgezeichnete überzuführen, zu „reduzieren", so kann man die Darstellbarkeit von k durch die Form $F = (f, g, h)$ dadurch entscheiden, daß man F und die Formen (129) reduziert: Führt die Reduktion einer dieser Formen auf die ausgezeichnete Form der Klasse von F, so ist k durch F darstellbar und umgekehrt.

Die Form (a, b, c) heißt nun *reduziert*, wenn

$$(131) \qquad |b| \leqq a \leqq c$$

ist. Dann folgt aus $4ac - b^2 = \varDelta$ die Ungleichung $4a^2 \leqq \varDelta + a^2$ und damit $3b^2 \leqq 3a^2 \leqq \varDelta$. Die Anzahl der reduzierten Formen zu fester negativer Diskriminante ist also endlich.

Wir zeigen, daß jede Form einer reduzierten äquivalent ist, und geben gleichzeitig ein Verfahren an, eine vorgelegte Form $F = (a, b, c)$ zu reduzieren. Es sei $F = F_1 = (a_1, b_1, c_1)$ noch nicht reduziert. Dann sei $F_2 = (a_2, b_2, c_2)$ parallel zu F_1, also $a_2 = a_1$ und $b_2 \equiv b_1 (2a_2)$, und überdies b_2 so gewählt, daß $-a_2 < b_2 \leqq a_2$ ist. Ist F_2 auch nicht reduziert, ist also $a_2 > c_2$, so bilde man zu F_2 diejenige rechte Nachbarform $F_3 = (a_3, b_3, c_3)$, welche außer $a_3 = c_2$ noch $-a_3 < b_3 \leqq a_3$ erfüllt. Jetzt ist $a_3 < a_2$. Falls F_3 noch nicht reduziert ist, wende man auf F_3 dasselbe Verfahren an, das von F_2 zu F_3 führte; in entsprechender Weise entstehe aus $F_\nu (\nu \geqq 2)$, falls noch nicht reduziert, die Form $F_{\nu+1}$. Wegen $a_{\nu+1} = c_\nu$ und $a_{\nu+1} < a_\nu (\nu \geqq 2)$ ist $a_2 > a_3 > \cdots$ eine Folge abnehmender Zahlen, die außerdem positiv sind. Die Kette der F_ν bricht also mit einem F_n ab, eben dann, wenn $a_n \leqq c_n$, d. h. wenn F_n reduziert ist, denn $-a_n < b_n \leqq a_n$ folgt aus der Konstruktion der Kette. Damit haben wir

Satz 75: *Jede definite Form läßt sich durch eine Kette benachbarter Formen in eine reduzierte überführen.*

Die Äquivalenz einer gegebenen Form F mit einer reduzierten folgt auch so: Sei k die kleinste positive Zahl, die durch F dargestellt wird. Nach Satz 73 ist dann $F \sim (k, l, m)$ mit $-k < l \leqq k$, also $|l| \leqq k$ und $k \leqq m$, da k minimal ist.

Da die Anzahl der reduzierten Formen endlich ist, folgt aus Satz 75

Satz 76: *Die Klassenzahl der quadratischen Formen einer festen negativen Diskriminante ist endlich.*

Satz 75 wird ergänzt durch

Satz 77: *Zwei verschiedene reduzierte Formen sind einander inäquivalent, außer wenn sie einem der beiden Formenpaare*

$$(a, a, c), \quad (a, -a, c);$$
$$(a, b, a), \quad (a, -b, a)$$

angehören.

In diesen Fällen ist

$$(a, a, c) = (a, -a, c)^{\mathfrak{P}(1)}, \quad (a, b, a) = (a, -b, a)^{\mathfrak{Q}}, \tag{132}$$

und man wählt als ausgezeichnete Form die mit positivem mittlerem Koeffizienten.

Beweis: Ist $F = (a, b, c)$ reduziert, ist also $|b| \leqq a \leqq c$, so sind $F(1, 0) = a$, $F(0, 1) = c$ und mit passend gewähltem Vorzeichen $F(1, \pm 1) = a - |b| + c$ die kleinsten durch (a, b, c) darstellbaren Zahlen. Zunächst ist nämlich

$$a \leqq c \leqq a - |b| + c. \tag{133}$$

Außerdem ist $F(1, \mp 1) = a + |b| + c \geqq F(1, \pm 1)$. Damit sind die eigentlichen Darstellungen, in denen $|xy| \leqq 1$ ist, erfaßt. Sei, nun $|x| > |y|$; dann ist

$$\begin{aligned} a x^2 + bxy + cy^2 &\geqq ax^2 - |b||xy| + cy^2 \\ &> (a - |b|)|xy| + cy^2 \geqq (a - |b| + c)\, y^2. \end{aligned}$$

Entsprechend ist für $|y| > |x|$

$$ax^2 + bxy + cy^2 > (a - |b| + c)\, x^2.$$

Daraus folgt für $|xy| > 1$

$$ax^2 + bxy + cy^2 > a - |b| + c. \tag{134}$$

Es sind also a, c, $a - |b| + c$ die kleinsten durch (a, b, c) darstellbaren Zahlen.

Sei nun $(a, b, c) \sim (a', b', c')$ und $|b| \leqq a \leqq c, |b'| \leqq a' \leqq c'$. Da durch F und F' dieselben Zahlen in gleicher Häufigkeit dargestellt werden, ist $a' = a$, denn das ist nach (133) und (134) die kleinste positive durch F und F' darstellbare Zahl. Ist $c > a$, so ist c die nächstgrößere durch F, F' darstellbare Zahl. $F = a$ hat in diesem Fall zwei Lösungen, also auch $F' = a$. Daraus folgt $c' > a' = a$ und damit $c' = c$ und weiter $|b'| = |b|$ Ist $c = a$ und $|b| < a$, so ist $c < a - |b| + c$ und c durch F, F' auf genau vier Arten darstellbar; es ist also wieder $c' = c$ und $|b'| = |b|$. Und schließlich ist der Fall $|b| = a = c$ dadurch gekennzeichnet, daß a durch F auf genau sechs verschiedene Arten dargestellt werden kann. Das trifft auch für F' zu, so daß sich die beiden Formen höchstens im Vorzeichen des mittleren Koeffizienten unterscheiden.

Jetzt ist noch zu untersuchen, wann $(a, b, c) \sim (a, -b, c)$ ist. Für $c = a$ ist $(a, b, a) = (b, -b, a)^{\mathfrak{L}}$. Sei nun $c > a$. Falls $(a, b, c) = (a, -b, c)^{\mathfrak{S}}$ mit $\mathfrak{S} = \begin{pmatrix} x v \\ y w \end{pmatrix}$ ist, so besteht die Gleichung $a = a x^2 + b x y + c y^2$, die bei $c > a$ nur die Lösungen $x = \pm 1, y = 0$ hat, d. h. es ist $\mathfrak{S} = \pm \begin{pmatrix} 1 t \\ 0 1 \end{pmatrix}$. Dann ist $(a, -b, c)$ parallel zu (a, b, c), also $a \mid b$, was bei $|b| \leqq a$ nur für $|b| = a$ möglich ist. Hier ist $(a, a, c) = (a, -a, c)^{\mathfrak{P}(1)}$.

Damit ist Satz 77 bewiesen.

Die Frage nach der Darstellbarkeit von k durch $F = (a, b, c)$ ist jetzt so zu beantworten: Reduziert man F und die Formen (129) und führt die Reduktion einer dieser Formen auf die ausgezeichnete Form der Klasse von F, so ist k durch F darstellbar. Die Anzahl der Darstellungen wird, wie wir gleich zeigen werden, das Sechsfache, Vierfache oder Doppelte der Anzahl der zu F äquivalenten Formen (129), je nachdem $\Delta = 3$, 4 oder > 4 ist. Das ist nach unseren Ausführungen über die automorphen Substitutionen bewiesen mit

Satz 78: *Die Anzahl der automorphen Substitutionen für eine definite quadratische Form F der Diskriminante D ist gleich* 6, 4 *oder* 2, *je nachdem* $D = -3, -4$ *oder* < -4 *ist.*

Beweis: Jede Lösung von $k = F(x, y)$ führt zu genau einer Substitution, die F in eine Form F' der Gestalt (129)

überführt und umgekehrt. Ist insbesondere $F = (a, b, c)$ reduziert und wird $k = a$ gesetzt, wird also nach den Lösungen von $a = F$ gefragt, so ist $F' = (a, b', c')$ wegen $-a < b' \leqq a \leqq c'$ auch reduziert. ($a \leqq c'$ gilt, weil a die kleinste positive, durch F, F' darstellbare Zahl ist.) Dann folgt aus Satz 77 schon $c' = c$ und, wenn $c > a$ ist, wegen $-a < b$ noch $b' = b$. Für $c > a$ ist demnach die Anzahl der automorphen Substitutionen für F gleich der Anzahl der Lösungen von $a = F$, also gleich 2.

Für $c = a$ und $|b| < a$ gibt es 4 Lösungen von $a = F$, nämlich $(\pm 1, 0)$ und $(0, \pm 1)$ mit den Substitutionen $\pm \begin{pmatrix} 1 & 0 \\ 0 & 1 \end{pmatrix}$ und $\pm \begin{pmatrix} 0 & 1 \\ -1 & 0 \end{pmatrix}$, von denen die zweite $F = (a, b, a)$ in $F' = (a, -b, a)$ überführt, also nur für $b = 0$ eine automorphe Substitution ist. Dann ist bei primitivem F notwendig $a = c = 1$, $D = -4$. Zu $F = x^2 + y^2$ gehören die vier automorphen Substitutionen $\begin{pmatrix} 0 & 1 \\ -1 & 0 \end{pmatrix}^\alpha$, $\alpha = 1, 2, 3, 4$.

Für $a = c = |b|$ gibt es nur die primitive reduzierte Form $F = x^2 + xy + y^2$ mit $D = -3$. Hier hat $F = 1$ die sechs Lösungen $\pm (1, 0), \pm (0, 1)$ und $\pm (1, -1)$. Die zugehörigen Substitutionen sind $\pm \begin{pmatrix} 1 & 0 \\ 0 & 1 \end{pmatrix}$, $\pm \begin{pmatrix} 0 & -1 \\ 1 & 1 \end{pmatrix}$ und $\pm \begin{pmatrix} 1 & 1 \\ -1 & 0 \end{pmatrix}$. Zu $F = x^2 + xy + y^2$ gehören die sechs automorphen Substitutionen $\begin{pmatrix} 0 & -1 \\ 1 & 1 \end{pmatrix}^\alpha$, $\alpha = 1, 2, \ldots, 6$.

Versteht man unter einer reduzierten Form eine Form (a, b, c) mit $-a < b \leqq a \leqq c$, so gilt noch Satz 75, und $(a, a, c) \sim (a, -a, c)$ in Satz 77 entfällt als Äquivalenzfall reduzierter Formen.

Die Klassenzahl $h(D)$ läßt sich durch Aufstellung aller ausgezeichneten Formen leicht bestimmen: Zuerst ordne man nach $B = |b|$. Es kommt nur $B \equiv \Delta \bmod 2$ mit $3B^2 \leqq \Delta$ in Frage und hier das Gleichheitszeichen nur für $\Delta = 3$, da es nur die Form (B, B, B) zuläßt. Also reicht $B = 1$ für ungerades $\Delta \leqq 27$; $B = 1, 3$ für $\Delta = 31$ bis 75; $B = 1, 3, 5$ für $\Delta = 79$ bis 147; ... $B = 0$ für $\Delta = 4, 8, 12$; $B = 0, 2$ für gerades

$\Delta = 16$ bis 48 usw. Nun ist $\Delta + B^2 = 4n = 4ac$ beliebig so zu zerlegen, daß (131) gilt. So erhält man alle ausgezeichneten Formen (a, b, c) mit $b = B$ für (132), $b = \pm B$ sonst. Beispiele:

$D = -3$	$D = -4$	$D = -23$	$D = -39$	$D = -156$	$D = -163$
(1, 1, 1)	(1, 0, 1)	(1, 1, 6)	(1, 1, 10)	(1, 0, 39)	(1,1,41)
		(2,±1,3)	(2,±1,5)	(3,0,13)	
			(3, 3, 4)	(5, ± 2, 8)	
$h = 1$	$h = 1$	$h = 3$	$h = 4$	$h = 4$	$h = 1$

sind die Klassenzahlen dieser Diskriminanten.

Die Abzählung der Klassen kann dabei ohne Aufstellung der reduzierten Formen durch Abzählung der zulässigen Teilungen $n = ac$ erfolgen, nach B summiert: $h = \Sigma H(B, n)$, H die Anzahl der ausgezeichneten Formen (a, b, c) mit $|b| = B$ und $ac = n$, d. i. bei fundamentalem $D < -4$ für $B = 0$ die halbe Anzahl der Teiler von n und für $B > 0$ der Überschuß an Teilern $> B$ über die $< B$.

Beispiel: $D = -167$. $h = H(1, 42) + H(3, 44) + H(5, 48) + H(7,54) = 7 + 2 + 2 + 0 = 11$.

$D = -168$. $h = H(0, 42) + H(2, 43) + H(4, 46) + H(6, 51) = 4 + 0 + 0 + 0 = 4$.

(Die Differenz aufeinanderfolgender n liegt zwischen den zugehörigen B.)

§ 31. Reduktion der indefiniten Formen

Wir wenden uns jetzt der schwierigeren Reduktion der indefiniten Formen $F = (a, b, c)$ zu. Hier ist $D(a, b, c) = b^2 - 4ac > 0$, also $D = 5, 8, 12, 13, 17, 20, 21, \ldots$ Man beachte, daß quadratische D, also auch $a = 0$ und $c = 0$ ausgeschlossen sind.

Eine indefinite Form heißt *reduziert*, wenn für ihre Koeffizienten die Ungleichungen

(135) $\quad 0 < b$ und $f - \mathrm{Min}\,(|2a|, |2c|) \leqq b < f$

gelten. Dabei ist f die kleinste natürliche Zahl mit $f^2 > D$. Die Anzahl der reduzierten Formen zur Diskriminante D ist endlich; denn mit $0 < b < f$ wird $b^2 \leqq (f-1)^2 < D$, also $ac < 0$ und $|4ac| < D$.

Die Form F heiße halbreduziert, wenn sie die schwächere Forderung

(136) $$f - |2a| \leqq b < f$$

erfüllt. In der Schar der zu F parallelen Formen $F' = (a, b', c')$ mit $b' \equiv b \bmod |2a|$ gibt es genau eine, die (136) erfüllt, also halbreduziert ist.

Jeder Form F ordnen wir eine eindeutig bestimmte Kette (F_ν) zu F äquivalenter Formen zu durch die Vorschrift: $F_1 = F$; $F_{\nu+1}$ sei die halbreduzierte rechte Nachbarform von F_ν. Wir schreiben $F_\nu = (a_\nu, b_\nu, c_\nu)$.

Unser Ziel ist der Beweis der folgenden Sätze:

Satz 79: *Die Glieder der F zugeordneten Kette (F_ν) sind von einer Stelle an reduziert. Die Kette ist periodisch, und die Periode beginnt mit dem ersten reduzierten Glied.*

Da nach diesem Satz jede Form einer reduzierten äquivalent ist, von denen es bei fester Diskriminante nur endlich viele gibt, folgt

Satz 80: *Die Klassenzahl der quadratischen Formen einer festen positiven Diskriminante ist endlich.*

Um alle Klassen aufzustellen, bilde man die endlich vielen reduzierten Formen und ermittle in den ihnen zugeordneten Ketten die primitiven Perioden. (Diese Ketten sind nach Satz 79 rein-periodisch.) Reduzierte Formen, die derselben Periode angehören, sind nach Konstruktion der Ketten äquivalent. Die Umkehrung gilt nach

Satz 81: *Wenn zwei reduzierte Formen einander äquivalent sind, so gehören sie derselben Periode an.*

Danach sind die Glieder der verschiedenen Perioden inäquivalent.

Wir zeigen zunächst: *In der Kette (F_ν) zu F gibt es ein Glied F_n mit $b_n > -f$.* Ist nämlich F_k halbreduziert, aber noch $b_k \leqq -f$, so ist $b_k^2 \geqq f^2 > D = b_k^2 - 4a_k c_k$, also $a_k c_k > 0$ und daher $D = b_k^2 - |4a_k c_k|$. Aus (136), also aus

$$|2a_k| \geqq f - b_k \text{ und } |2c_k| = |2a_{k+1}| \geqq f - b_{k+1}$$

ergibt sich die Ungleichungsfolge

$$(137)\qquad f - b_{k+1} \leqq |2c_k| = \frac{b_k^2 - D}{|2a_k|} < \frac{b_k^2}{f - b_k} < -b_k$$

und damit $b_{k+1} > b_k + f$. Ist dann auch noch $b_{k+1} \leqq -f$, so kann man den Schluß wiederholen und erhält so nach endlich vielen Schritten ein $b_n > -f$.

Wir zeigen weiter: *Jedes auf F_n folgende Glied ist reduziert.* Ist nämlich

$$f - |2a_k| \leqq b_k < f \text{ und } -f < b_k,$$

was für $k = n$ zutrifft, so folgt, wie wir beweisen werden

$$f - |2c_{k+1}| \leqq b_{k+1} \text{ und } b_{k+1} > 0.$$

(Die Ungleichungsfolge $f - |2a_{k+1}| \leqq b_{k+1} < f$ gilt, weil F_{k+1} halbreduziert ist, so daß dann F_{k+1} reduziert ist.) Wegen $-f < b_k < f$ ist $b_k^2 < D = b_k^2 - 4a_k c_k$, also $a_k c_k < 0$ und $D = b_k^2 + |4a_k c_k|$.

Hieraus folgt

$$(138)\qquad |2c_k| = \frac{D - b_k^2}{|2a_k|} < \frac{f^2 - b_k^2}{f - b_k} = f + b_k,$$

da $|2a_k| \geqq f - b_k$ ist. Wegen $|2c_k| = |2a_{k+1}| \geqq f - b_{k+1}$ folgt aus (138)

$$(139_1)\qquad b_{k+1} \geqq f - |2c_k| > -b_k.$$

Bei $(a_{k+1}, b_{k+1}, c_{k+1}) = (a_k, b_k, c_k)^{\Re(t \operatorname{sgn} c_k)}$ gilt

$$(139_2)\qquad b_{k+1} = -b_k + t|2c_k|, \text{ und zwar mit } t > 0,$$

wie aus (139_1) folgt. Nun ist $D = b_{k+1}^2 + |4a_{k+1}c_{k+1}|$, wie aus $-f < -b_k < b_{k+1} < f$ folgt; das führt mit $D = b_k^2 + |4a_k c_k|$ und $a_{k+1} = c_k$ zu

$$b_{k+1}^2 - b_k^2 = |4a_k c_k| - |4a_{k+1} c_{k+1}|,$$

$$(b_{k+1} + b_k)(b_{k+1} - b_k) = |2c_k|\,(|2a_k| - |2c_{k+1}|)$$

und nach (139_2) zu

$$(139_3)\qquad |2c_{k+1}| = |2a_k| + t(b_k - b_{k+1}).$$

Jetzt folgt die Behauptung, daß F_{k+1} reduziert ist:

Zunächst ist $b_{k+1} > 0$. Denn diese Ungleichung gilt nach (139_2) sicher für $b_k < |2c_k|$; ist aber $b_k \geqq |2c_k|$, so ist nach (139_1) jetzt $b_{k+1} \geqq f - |2c_k| \geqq f - b_k > 0$.

Sodann ist $|2c_{k+1}| \geqq f - b_{k+1}$. Denn dies gilt wegen $|2a_k| \geqq f - b_k$ nach (139_3) sicher für $t = 1$ und auch für $b_k \geqq b_{k+1}$; wegen $c_{k+1} \neq 0$ gilt es auch für $b_{k+1} = f - 1$. Bleibt noch der Fall $t \geqq 2$, $b_k < b_{k+1} \leqq f - 2$; dann ist unter Benutzung von (139_2)

$$|4c_k| \leqq t\,|2c_k| = b_k + b_{k+1} < 2\,b_{k+1}$$

und somit

$$b_{k+1}\,|2c_{k+1}| > |2c_k|\,|2c_{k+1}| = |4a_{k+1}\,c_{k+1}| = D - b_{k+1}^2.$$

Weiter ist

$$b_{k+1}\,f \leqq (f-2)\,f < (f-1)^2 < D,$$

also $D - b_{k+1}^2 > b_{k+1}\,(f - b_{k+1})$ und damit schließlich

$$|2c_{k+1}| > f - b_{k+1}.$$

Da die Bedingungen $f - |2a_k| \leqq b_k < f$ für alle $k > 1$ zutreffen, ergibt vollständige Induktion unsere Behauptung, und dann folgt schon Satz 80.

Wir beweisen jetzt den zweiten Teil von Satz 79. Da die Anzahl der reduzierten Formen endlich ist, gibt es in der Kette (F_ν) ein erstes Element, etwa F_m, für das $F_m = F_{m+\pi}$ ist mit $\pi > 0$. Die Kette ist also periodisch. F_m ist reduziert, weil es in der Kette immer wieder auftritt, und zwar ist es das erste reduzierte Element der Kette. Denn entweder ist $m = 1$, und die Periode beginnt mit F_1, oder F_{m-1} $(m \geqq 2)$ ist das letzte Glied, das nicht wieder auftritt. Dann ist F_m rechter Nachbar von F_{m-1} und wegen $F_m = F_{m+\pi}$ auch von $F_{m+\pi-1}$, und in $(a_{m-1}, b_{m-1}, c_{m-1}) \sim (a_m, b_m, c_m)$ und $(a_{m+\pi-1}, b_{m+\pi-1}, c_{m+\pi-1}) \sim (a_m, b_m, c_m)$ ist $b_m \equiv -b_{m-1} \bmod |2c_{m-1}|$, $b_m \equiv -b_{m+\pi-1} \bmod |2c_{m+\pi-1}|$; ferner ist $a_m = c_{m-1}$, $a_m = c_{m+\pi-1}$. Also ist

$$c_{m-1} = c_{m+\pi-1},\ b_{m-1} \equiv b_{m+\pi-1} \bmod |2a_m|.$$

Hier ist $b_{m-1} \neq b_{m+\pi-1}$, da sonst $F_{m-1} = F_{m+\pi-1}$ wäre. $F_{m+\pi-1}$ ist reduziert, also ist $f - |2c_{m+\pi-1}| \leqq b_{m+\pi-1} < f$.

Es kann nicht gleichzeitig $f - |2c_{m-1}| \leqq b_{m-1} < f$ sein, da $c_{m-1} = c_{m+\pi-1}$ und $b_{m-1} - b_{m+\pi-1} \neq 0$ und teilbar durch $2a_m = 2c_{m-1}$ ist. F_{m-1} ist also nicht reduziert, und Satz 79 ist vollständig bewiesen.

Man kann diesen Sachverhalt auch so ausdrücken: Die Folge F_ν endigt in einer geschlossenen Kette. Die Perioden der linearen Anordnung entsprechen dann einem Umlauf in der geschlossenen Kette.

Die Aufstellung der Perioden zeigen wir für $D = 89$. $f=10$. Wir gehen von der reduzierten Form $(1, 9, -2)$ aus und erhalten durch sukzessiven Übergang zur rechten Nachbarform (130), welche die Bedingung (136) erfüllt, die Kette

$$(1, 9, -2) \sim (-2, 7, 5) \sim (5, 3, -4) \sim (-4, 5, 4)$$
$$\sim (4, 3, -5) \sim (-5, 7, 2) \sim (2, 9, -1) \sim \cdots.$$

Es folgen noch sieben Formen, deren äußere Koeffizienten aus diesen durch Umkehrung der Vorzeichen entstehen. Da nur $b = 9, 7, 5, 3, 1$ sein kann und alle (135) genügenden Zerlegungen $D - b^2 = |4ac|$ schon in der obigen Kette vorkommen, ist die Klassenzahl $h = 1$.

Als weiteres Beispiel behandeln wir $D = 148$ mit den drei Perioden

$$(1,\ 12, -1) \sim (-1,\ 12,\ 1)\,,$$
$$(4,\ 10,\ -3) \sim (-3,\ 8,\ 7) \sim (7,\ 6,\ -4) \sim (-4,\ 10,\ 3)$$
$$\sim (3,\ 8,\ -7) \sim (-7,\ 6,\ 4),\ (3,\ 10,\ -4) \sim (-4,\ 6,\ 7)$$
$$\sim (7,\ 8,\ -3) \sim (-3,\ 10,\ 4) \sim (4,\ 6,\ -7) \sim (-7,\ 8,\ 3)\,.$$

Hier ist $f = 13$. Nachdem $b = 12$ erledigt ist, kommt $b = 10$ in Frage. Primitiv und reduziert sind die Formen $(\pm 4,\ 10,\ \mp 3)$, $(\pm 3,\ 10,\ \mp 4)$, welche zur zweiten und dritten Periode führen. Die vier reduzierten Formen mit $b = 8, 6$ sind schon erfaßt, solche mit $b = 4, 2$ gibt es nicht. Die zweite Hälfte der zweiten und dritten Periode unterscheidet sich von ihrer ersten Hälfte durch das Vorzeichen der äußeren Koeffizienten. Die Formen der dritten Periode sind den Formen der zweiten entgegengesetzt, ihnen also uneigentlich äquivalent. Aus dem gleich zu beweisenden Satz folgt $h = 3$ für $D = 148$.

Satz 81 folgt nun aus dem schärferen Satz von Mertens:

Satz 82: *Sind F und F' reduziert und einander äquivalent, $F' = F^{\mathfrak{S}}$, so ist eine der Substitutionen $\pm\mathfrak{S}^{\pm 1}$ das Produkt von aufeinanderfolgenden Nachbarsubstitutionen $\mathfrak{R}(q_i) = \begin{pmatrix} 0 & -1 \\ 1 & q_i \end{pmatrix}$ der von F oder F' ausgehenden Kette.*

Beweis: Sei $F = F_1 = (a_1, b_1, c_1)$, $F' = (a', b', c')$ und $\mathfrak{S} = \begin{pmatrix} r & v \\ s & w \end{pmatrix} \neq \pm\mathfrak{E}$; ferner sei $F_2 = F_1^{\mathfrak{R}} = (a_2, b_2, c_2)$ der Kettennachbar von F_1; dann ist

$$(140) \qquad \mathfrak{S} = \mathfrak{R}\mathfrak{T} = \begin{pmatrix} 0 & -1 \\ 1 & q_1 \end{pmatrix} \begin{pmatrix} s' & w' \\ -r & -v \end{pmatrix} \text{ mit } \begin{matrix} s' = q_1 r + s \\ w' = q_1 v + w, \end{matrix}$$

und $F' = F_2^{\mathfrak{T}}$. Wir werden zeigen, daß bei passender Wahl zwischen $\pm\mathfrak{S}$ und $\pm\mathfrak{S}^{-1}$ die von F_1 ausgehenden Nachbarsubstitutionen $\mathfrak{R} = \mathfrak{R}(q_1), \mathfrak{R}(q_2), \ldots$ in (140) rechts einen abbrechenden Divisionsalgorithmus erzeugen. Wir dürfen dabei $a_1, a' > 0$, also $c_1, c' < 0$ annehmen; denn die andern Vorzeichenverteilungen kommen bei den Nachbarformen von F_1 und F' vor, und ein Nachbaraustausch macht für Satz 82 nichts aus.

Bei dieser Vorzeichenverteilung ist $r s v w \neq 0$. Denn F' ist zu F wegen $a_1, a' > 0$ nicht benachbart, also ist $\mathfrak{S} \neq \pm \begin{pmatrix} 0 & -1 \\ 1 & q \end{pmatrix}^{\pm 1}$. Es ist auch F' zu F nicht parallel, da sonst $\mathfrak{S} = \pm \begin{pmatrix} 1 & q \\ 0 & 1 \end{pmatrix}$ wäre, was für reduzierte Formen nun bei $q = 0$ möglich ist; aus demselben Grund ist $\mathfrak{S} \neq \pm \begin{pmatrix} 1 & 0 \\ q & 1 \end{pmatrix}$. Damit sind alle $\mathfrak{S}$ mit $rsvw = 0$ ausgeschlossen. Außerdem gilt $r w > 0$. Denn aus der Transformationsformel (119) folgt unter Verwendung von $r w - s v = 1$

$$(141) \qquad a' v w - c' r s = a_1 r v - c_1 s w.$$

Wieder aus $r w - s v = 1$ folgt bei $r s v w \neq 0$ die Ungleichung $(r w)(s v) > 0$. Daraus folgt wegen $a_1 c_1, a'c' < 0$, daß $a'vw$ und $-c'rs$ dasselbe Vorzeichen haben und ebenso $a_1 rv$ und $-c_1 sw$. Wegen (141) haben also auch $a'vw$ und $a_1 rv$ dasselbe Vorzeichen, und wegen $a_1, a' > 0$ ist dann $(rv)(vw) > 0$. Es ist also $rw > 0$ und wegen $rw - sv = 1$, $sv \neq 0$ auch $sv > 0$.

Unter den $\pm \mathfrak{S}^{\pm 1} = \pm \begin{pmatrix} r & v \\ s & w \end{pmatrix}, \pm \begin{pmatrix} w & -v \\ -s & r \end{pmatrix}$ hat dann genau eine lauter positive Zahlen. Trifft dies für $\mathfrak{S}$ zu, so behaupten wir, daß $\mathfrak{S}$ oder $-\mathfrak{S}$ das geforderte Produkt ist. In (140) sei zunächst $s' = 0$; dann ist $\mathfrak{T} = \begin{pmatrix} 0 & \pm 1 \\ \mp 1 & -v \end{pmatrix}$, und zwar gilt das obere Vorzeichen, weil $\mathfrak{S}$ lauter positive Zahlen hat. Da $F' = F_2^{\mathfrak{T}}$ zu F_2 benachbart und als reduzierte Form der Kettennachbar F_3 zu F_2 ist, muß $\mathfrak{T} = -\mathfrak{R}(q_2)$ sein. Dann ist $\mathfrak{S} = -\mathfrak{R}(q_1)\,\mathfrak{R}(q_2)$. Für $s' \geqq 0$ ist

$$\mathfrak{S} = -\mathfrak{R}(q_1)\,\mathfrak{R}(q_2)\,\mathfrak{S}' \text{ mit } \mathfrak{S}' = \begin{pmatrix} r' & v' \\ s' & w' \end{pmatrix} \text{ und } F' = F^{\mathfrak{S}'}.$$

Hier hat F_3 ein $a_3 > 0$, kann also in unseren Überlegungen an die Stelle von F_1 gesetzt werden, wenn zugleich $\mathfrak{S}'$ an die Stelle von $\mathfrak{S}$ tritt. Gilt nun, wie wir unten zeigen werden,

(142) $\qquad 0 \leqq s' < r \leqq s$ und $0 < w' \leqq v < w$,

also nach dem eben Gesagten auch $r' \leqq s'$ und $v' < w'$, so ist bei $s' > 0$ wegen $s'v' > 0$ auch $v' > 0$ und wegen $w' > 0$ und $r'w' > 0$ auch $r' > 0$. Dann gilt bei $s' > 0$

$$0 < r' < r,\ 0 < s' < s,\ 0 < v' < v,\ 0 < w' < w\,.$$

Die Elemente von $\mathfrak{S}'$ sind also auch positiv, es folgt das Abbrechen des Algorithmus (140) und damit für $\mathfrak{S}$ eine Darstellung

$$\mathfrak{S} = (-1)^m\,\mathfrak{R}(q_1) \cdots \mathfrak{R}(q_{2m}).$$

Jetzt ist noch (142) zu zeigen. Zunächst ist $v \geqq w$ unmöglich; sonst wäre $c' \geqq (a_1 + b_1 - |c_1|)\,w^2 \geqq 0$ nach (135) und (138). Ebenso ist $s' \geqq r$ unmöglich; sonst wäre $a' = c_2 r^2 - b_2 r s' - |c_1| s'^2 \leqq (c_2 - b_2 - |c_1|)\,r'^2 \leqq 0$. Also ist $v < w$, $s' < r$, und damit ist wegen $rw - sv = rw' - s'v = 1$ auch $r \leqq s, w' \leqq v$ und, da $r, v > 0$ sind, gelten von den restlichen Behauptungen, nämlich $s' \geqq 0, w' > 0$, beide oder keine. Um hierüber zu entscheiden, setzen wir (141) für F_2 und $\mathfrak{T}$ statt für F_1 und $\mathfrak{S}$ an: $a'vw' - c'rs' = c_2 rv - c_1 s'w'$. Die rechte Seite ist > 0, weil $-c_1$, $c_2 rv > 0$ und $s'w' \geqq 0$ sind. (Das Gleichheitszeichen steht nun bei $\mathfrak{S}' = \mathfrak{E}$.) Also ist

$a'vw' > c'rs'$, und diese Ungleichung ist mit $s' < 0, w' \leqq 0$ nicht verträglich.

Damit ist Satz 82 bewiesen. Das Vorzeichen in $\pm \mathfrak{S}$ ist wegen $F^{\mathfrak{S}} = F^{-\mathfrak{S}}$ ohne Einfluß auf die Transformation von F.

Ist π wieder die Länge der primitiven Periode der von F ausgehenden Kette und bildet man das Produkt $\prod_{i=1}^{\pi} \mathfrak{R}(q_i) = \mathfrak{A}$, so ist $F^{\mathfrak{A}} = F$, also $\mathfrak{A}$ eine für F automorphe Substitution. Mit $\mathfrak{A}$ ist auch $\pm \mathfrak{A}^{\alpha}$ bei beliebigen ganzen α eine automorphe Substitution, und das sind alle automorphen Substitutionen. Ist nämlich $F^{\mathfrak{B}} = F$, so ist $\pm \mathfrak{B}^{\pm 1} = \prod \mathfrak{R}(q_i)$ ein Produkt aufeinanderfolgender Nachbarsubstitutionen, wie Satz 82 für $F' = F$ aussagt, und ein $\mathfrak{R}(q_i)$ - Produkt führt erst dann wieder zu F, wenn es aus vollen Produkten $\prod_{i=1}^{\pi}$ besteht: $\pm \mathfrak{B}^{\pm 1} = \mathfrak{A}^{\alpha}$ oder $\pm \mathfrak{B} = \mathfrak{A}^{\pm\alpha}$.

Die Potenzen $\mathfrak{A}^{\alpha}$ ergeben lauter verschiedene Substitutionen. Es ist nämlich für $n \geqq 1$

$$(143)\qquad \mathfrak{R}(q_1) \cdots \mathfrak{R}(q_n) = \begin{pmatrix} r_{n-1} & r_n \\ s_{n-1} & s_n \end{pmatrix} \text{ mit } \begin{matrix} r_n = r_{n-1}\, q_n - r_{n-2} \\ s_n = s_{n-1}\, q_n - s_{n-2} \end{matrix}$$
$$\text{für } n \geqq 2,$$

wenn $r_0 = 0, s_0 = 1, r_1 = -1, s_1 = q_1$ gesetzt wird. Nun ist $q_1 < 0$; das folgt aus (119), da F_1 und F_2 reduziert sind und $a_1 > 0$ ist. Entsprechend folgt $q_{2i+1} < 0$, $q_{2i} > 0$. Damit ist $r_i, s_i < 0$ für $i \equiv 1, 2\ (4)$ und > 0 für $i \equiv 0, 3\ (4)$, $i > 0$ und deswegen für $n \geqq 2$

$$(144)\qquad \begin{aligned} |r_n| &= |r_{n-1}\, q_n| + |r_{n-2}| \\ |s_n| &= |s_{n-1}\, q_n| + |s_{n-2}|. \end{aligned}$$

Die $|r_n|, |s_n|$ bilden demnach eine monoton wachsende Folge für $n \geqq 2$; $\mathfrak{R}(q_1)$ hat $r_0 = 0$. Daher sind die Produkte $\prod_{i=1}^{\nu} \mathfrak{R}(q_i)$, $\nu = 1, 2, \ldots$, insbesondere die Potenzen $\mathfrak{A}^{\alpha}$ für $\alpha \geqq 0$ alle voneinander verschieden; es ist $\mathfrak{A}^{\alpha} = \mathfrak{E}$ nur für $\alpha = 0$. Daraus folgt, daß die $\mathfrak{A}^{\alpha}$ für $\alpha = 0, \pm 1, \ldots$ voneinander verschieden sind. Es gilt noch $|s_n| > |r_{n-1}|$, so daß mit $\mathfrak{S}$ nicht gleichzeitig $\mathfrak{S}^{-1}$ ein $\mathfrak{R}(q_i)$ - Produkt ist. Damit haben wir

Satz 83: *Ist $\mathfrak{S}$ für F eine automorphe Substitution, $F = F^{\mathfrak{S}}$, so ist*

$$\pm\,\mathfrak{S}^{\pm 1} = \mathfrak{A}^{\alpha} \text{ oder } \mathfrak{S} = \pm\,\mathfrak{A}^{\pm\alpha}. \tag{145}$$

Dabei ist $\mathfrak{A} = \prod_{i=1}^{\pi} \mathfrak{R}(q_i)$ und π die Länge der von F ausgehenden primitiven Periode. Die Darstellung (145) *ist eindeutig; es gibt zu F unendlich viele automorphe Substitutionen.*

Die Reduktion der Formen liefert ein brauchbares Verfahren zur Gewinnung von Darstellungen. Als Beispiel behandeln wir die Lösungen von

$$F(x, y) = x^2 + 9\,x\,y - 2\,y^2 = -1\,. \quad D = 89 \text{ (s. o.)}.$$

Die zu F gehörige Periode enthält 14 Glieder. Wir haben sie mit $F = F_1 = (1, 9, -2)$ als Anfangsglied hingeschrieben (S. 116). Die Transformationen von F_1 in F_n sind nach (143) aus den $\mathfrak{R}(q_i)$ zu berechnen und folgendem Schema zu entnehmen:

i	1	2	3	4	5	6	7	13	14
r_i	—1	—1	2	3	— 5	— 23	212	— 23001	—212000
s_i	—4	—5	9	14	— 23	—106	977	—106000	—977001

Danach ist $(-1, 9, 2) = F_8 = F_1^{\mathfrak{S}}$ mit $\mathfrak{S} = \begin{pmatrix} r_6 & r_7 \\ s_6 & s_7 \end{pmatrix}$ und, wenn man noch (117)—(119) beachtet, $F(r_6, s_6) = -1$. Ist nun (x_1, y_1) irgendeine Lösung von $F(x, y) = -1$, so wird F durch die Gesamtheit der unimodularen Matrizen $\begin{pmatrix} x_1 & v_1 \\ y_1 & w_1 \end{pmatrix}$ in eine Schar unter einander paralleler Formen mit -1 als erstem Koeffizienten transformiert. Unter diesen Formen gibt es genau eine halbreduzierte, nämlich $(-1, 9, 2)$, und das ist schon F_8. Also besteht für jede Lösung (x_1, y_1) bei passenden v_1, w_1 und $\mathfrak{A} = \begin{pmatrix} r_{13} & r_{14} \\ s_{13} & s_{14} \end{pmatrix}$ genau eine der vier Gleichungen $\begin{pmatrix} x_1 & v_1 \\ y_1 & w_1 \end{pmatrix} = \pm\,\mathfrak{A}^{\pm\alpha}\,\mathfrak{S}$. Es ist also mit dieser Verteilung der Vorzeichen $\begin{pmatrix} x_1 \\ y_1 \end{pmatrix} = \pm\,\mathfrak{A}^{\pm\alpha} \begin{pmatrix} r_6 \\ s_6 \end{pmatrix}$.

Umgekehrt ist jedes so aus (r_6, s_6) gewonnene Zahlenpaar bei beliebigem ganzen α und beliebiger Vorzeichenverteilung eine Lösung von $F(x, y) = -1$, eben weil die $\pm \mathfrak{A}^{+\alpha}$ für F automorphe Substitutionen sind.

Der hingeschriebenen Periode und der Liste der r_i, s_i entnimmt man in entsprechender Weise die Lösungen von $F = \pm 2, \pm 4, \pm 5$. So sind $(-5, -23)$ und $(212, 977)$ Lösungen von $F = 2$, und die Gesamtheit der Lösungen entsteht aus diesen beiden durch Transformation mit $\pm \mathfrak{A}^{+\alpha}$. Denn $(2, 9, -1) = F_7$ und $(2, 7, -5) = F_9$ sind die einzigen halb reduzierten Formen, deren erster Koeffizient 2 ist.

Die Darstellungen von 10 ordnen sich nach den halb reduzierten Formen $(10, \pm 3, -2)$ und $(10, \pm 7, -1)$ in vier Scharen. Zu $G = (10, +3, -2) \sim (-2, 9, 1) \sim (1, \ldots)$ $= G^{\mathfrak{R}(-3)\mathfrak{R}(9)}$, also $G = F^{\mathfrak{S}}$; $\mathfrak{S} = \begin{pmatrix} 28 & 9 \\ -3 & 1 \end{pmatrix}$, gehört die kleinste Darstellung $x = 28, y = -3$; zu $(10, -3, -2)$ $= (1, 9, -2)^{\mathfrak{P}'(3)}, \mathfrak{P}'(q) = \begin{pmatrix} 1 & 0 \\ q & 1 \end{pmatrix}$, die Darstellung $x = 1, y = 3$; zu $G, H = (10, \pm 7, -1)$, $G = (2, 9, -1)^{\mathfrak{P}'(1)}$, $H = (2, 9, -1)^{\mathfrak{P}'(8)} = F^{\mathfrak{S}_6 \mathfrak{P}'(8)}$ die Darstellungen $x = 5 + 1 \cdot 23 = 28$, $y = 23 + 1 \cdot 106 = 129$ und $x = 5 + 8 \cdot 23 = 189$, $y = 23 + 8 \cdot 106 = 871$. (Letzte Lösung geht bei $\mathfrak{A}^{-1}$ in $x = 1189$, $y = -129$ über.)

§ 32. Automorphe Substitutionen. Pellsche Gleichung

Durch die Ergebnisse von § 29 und die Sätze 82 und 83 ist die Frage nach sämtlichen Darstellungen einer Zahl k durch eine indefinite Form (a, b, c) beantwortet. Die zu (a, b, c) gehörigen automorphen Substitutionen spielen dabei ebenso wie im definiten Fall eine besondere Rolle. Man beachte noch: Ist $\mathfrak{A}$ für F automorph und $F^{\mathfrak{S}} = G$, so ist $\mathfrak{S}^{-1}\mathfrak{A}\mathfrak{S}$ eine automorphe Substitution für G.

Zwischen den automorphen Substitutionen aller Formen einer Diskriminante D besteht folgender Zusammenhang: Für $F^{\mathfrak{S}} = F$ mit $\mathfrak{S} = \begin{pmatrix} r & v \\ s & w \end{pmatrix}$, $rw - sv = +1$, gilt, wenn die Transformation (119) als Matrizengleichung geschrieben wird,

$$\begin{pmatrix} r & s \\ v & w \end{pmatrix} \begin{pmatrix} 2a & b \\ b & 2c \end{pmatrix} \begin{pmatrix} r & v \\ s & w \end{pmatrix} = \begin{pmatrix} 2a & b \\ b & 2c \end{pmatrix} \text{ oder}$$

$$(146) \qquad \begin{pmatrix} r & s \\ v & w \end{pmatrix} \begin{pmatrix} 2a & b \\ b & 2c \end{pmatrix} = \begin{pmatrix} 2a & b \\ b & 2c \end{pmatrix} \begin{pmatrix} w & -v \\ -s & r \end{pmatrix}, \text{ einzeln:}$$

$bs = a(w - r)$; $-bv = c(w - r)$; $cs = -av$. Also $a|s$ wegen $a|bs, cs$ und $(a, (b, c)) = 1$. Mit $s = au$, $w + r = t$ wird

$$(147) \qquad r = \tfrac{1}{2}(t - bu), \; s = au, \; v = -cu, \; w = \tfrac{1}{2}(t + bu);$$

$$(148) \qquad 4(rw - sv) = \underline{t^2 - Du^2 = 4.}$$

Dies ist die *Pellsche Gleichung*. Wir haben gezeigt: Ist $\begin{pmatrix} r & s \\ v & w \end{pmatrix}$ eine automorphe Substitution für (a, b, c), so ist $a|s$, und

$$u = \frac{s}{a}, \; t = r + w$$

ist eine Lösung der Pellschen Gleichung. Umgekehrt führen Lösungen der Pellschen Gleichung über (147) zu automorphen Substitutionen für (a, b, c); denn dann ergibt (147) eine ganzzahlige unimodulare Substitution, für die (146) gilt.

Für $D < -4$ hat die Pellsche Gleichung nur die trivialen Lösungen $t = \pm 2$, $u = 0$, zu denen nach (147) die automorphen Substitutionen $\pm \mathfrak{E}$ gehören. Für $D = -4$ kommen noch $t = 0$, $u = \pm 1$ und für $D = -3$ als dritte bis sechste Lösung $|t| = |u| = 1$ hinzu.

Für $D > 0$ gibt es unendlich viele automorphe Substitutionen, die nach (144) und wegen $u = \frac{s}{a}$ zu verschiedenen Lösungen der Pellschen Gleichung führen. Unter ihnen gibt es eine mit kleinstem positivem u, etwa u_1; dazu gehört ein kleinstes $t_1 > 0$. Wir nennen (t_1, u_1) die kleinste positive Lösung. Aus ihr gewinnen wir alle positiven Lösungen: Setzen wir nach (147)

$$\mathfrak{A}_1 = \begin{pmatrix} \frac{1}{2}(t_1 - b u_1), & -c u_1 \\ a u_1, & \frac{1}{2}(t_1 + b u_1) \end{pmatrix},$$

so ist nach dem Distributivgesetz für Matrizen

$$\mathfrak{A}_1{}^n + \mathfrak{A}_1{}^{n-2} = \mathfrak{A}_1{}^{n-1}(\mathfrak{A}_1 + \mathfrak{A}_1{}^{-1}) = t_1 \mathfrak{A}_1{}^{n-1}.$$

Mit $\mathfrak{A}_1{}^n = \begin{pmatrix} r_n, & v_n \\ s_n, & w_n \end{pmatrix}$ ist $t_n = r_n + w_n$, $u_n = \frac{s_n}{a}$ die zu $\mathfrak{A}_1{}^n$ gehörige Lösung. Aus der Matrizengleichung folgt dann

$$\begin{aligned} t_n &= t_1 t_{n-1} - t_{n-2} \\ u_n &= t_1 u_{n-1} - u_{n-2}, \end{aligned} \tag{149}$$

gültig für $n \geqq 2$, wenn noch $t_0 = 2$, $u_0 = 0$ gesetzt wird. Jetzt folgt $t_{n+1} > t_n$, $u_{n+1} > u_n$ gültig für $n \geqq 0$, da $t_1 \geqq 2$ ist, und daraus wieder, daß $\mathfrak{A}_1$ gleich der Matrix $\mathfrak{A}$ aus Satz 83 ist, wenn diese so gewählt wird, daß die zu ihr gehörigen Lösungen $t, u > 0$ sind. Das ist möglich, weil $t, -u$ zu $\mathfrak{A}^{-1}$ gehört, wenn t, u zu $\mathfrak{A}$ gehört. Also gilt:

Satz 84: *Die Lösungen der Pellschen Gleichung vermitteln durch* (147) *die eigentlich automorphen Substitutionen aller quadratischen Formen der Diskriminante D. Ihre Anzahl ist für $D > 0$ unendlich, und es gehen die positiven Lösungen aus ihrer kleinsten positiven durch* (149) *hervor.*

Ohne Beweis teilen wir mit: Die Pellsche Gleichung $t^2 - Du^2 = 4$ ist für jedes $D > 0, \neq q^2$ lösbar.

Betrachten wir noch die *zweiseitigen Formenklassen*, deren Formen einander also zugleich eigentlich und uneigentlich äquivalent sind! Wir zeigen, daß jede solche Formenklasse eine *zweiseitige Form* enthält, d. h. eine Form, die zu ihrer entgegengesetzten Form parallel ist oder, was damit gleichwertig ist, die Gestalt (k, kl, m) besitzt. Sei nun (a, b, c) eine Form unserer zweiseitigen Klasse und $\mathfrak{S} = \begin{pmatrix} r & v \\ s & w \end{pmatrix}$ mit $rw - sv = -1$ eine uneigentlich automorphe Substitution für (a, b, c); dann gilt (146) rechts mit $\begin{pmatrix} -w & v \\ s & -r \end{pmatrix}$, und es folgen die auch hinreichenden Bedingungen

$$w = -r, \quad av = br + cs \quad (r^2 + sv = 1). \tag{150}$$

Wir haben jetzt eine unimodulare Substitution $\mathfrak{T}$ so zu bestimmen, daß $(a, b, c)^{\mathfrak{T}}$ eine automorphe Substitution $\mathfrak{U} = \begin{pmatrix} 1 & 1 \\ 0 & -1 \end{pmatrix}$ besitzt. Wegen $(a, b, c)^{\mathfrak{S}} = (a, b, c)$ muß dann $\mathfrak{T}^{-1} \mathfrak{S} \mathfrak{T} = \mathfrak{U}$ sein oder mit $\mathfrak{T} = \begin{pmatrix} x & \cdot \\ y & \cdot \end{pmatrix}$

$$(151) \qquad \begin{pmatrix} r & v \\ s & w \end{pmatrix} \begin{pmatrix} x & \cdot \\ y & \cdot \end{pmatrix} = \begin{pmatrix} x & \cdot \\ y & \cdot \end{pmatrix} \begin{pmatrix} 1 & \cdot \\ 0 & -1 \end{pmatrix}.$$

Es ist also

$$(152) \qquad \begin{matrix} (r-1)\, x + v\, y = 0 \\ s\, x + (w-1)\, y = 0 \end{matrix} \quad \text{mit } (x, y) = 1$$

zu lösen, was wegen $r^2 + s\, v = 1$ möglich ist. $\begin{pmatrix} x & \cdot \\ y & \cdot \end{pmatrix}$ ist dann zu einer unimodularen Substitution $\mathfrak{T}$ zu ergänzen. Mit diesem $\mathfrak{T}$ ist die Zahl unten rechts in der Matrix in (151) ganz rechts notwendig gleich -1, da $r w - s v = -1$ ist, und es ist $\mathfrak{T}^{-1} \mathfrak{S} \mathfrak{T} = \mathfrak{U}$ mit einem bestimmten $\mathfrak{U}$ und damit $(a, b, c)^{\mathfrak{T}}$ zweiseitig. Wegen $(a, b, c)^{\mathfrak{T}} = (k, kl, m)$ ist $k^2 l^2 - 4 k m = D$, also $k \mid D$: Die Formen einer zweiseitigen Klasse stellen Diskriminantenteiler dar. Stellt umgekehrt (a, b, c) einen Diskriminantenteiler k dar, so ist $(a, b, c) \sim (k, b', c')$, und wegen $b'^2 - 4 k c' = D$ gilt $k \mid b'^2$. Ist D eine Fundamentaldiskriminante, so folgt aus $k \mid b'^2$ bei $k = u$ oder $= 2u$ mit ungeradem u schon $k \mid b'$. Zahlen $k \equiv 0(4)$ werden nicht dargestellt. Also

Satz 85: *Die Formen der zweiseitigen Klassen und bei einer Fundamentaldiskriminante auch nur diese stellen Diskriminantenteiler dar.*

Wir stellen noch die Frage: Wann ist $(a, b, c) \simeq (-a, -b, -c)$? Dann ist statt (146)

$$(153) \qquad \begin{pmatrix} \bar r & \bar s \\ \bar v & \bar w \end{pmatrix} \begin{pmatrix} 2a & b \\ b & 2c \end{pmatrix} = \begin{pmatrix} -2a & -b \\ -b & -2c \end{pmatrix} \begin{pmatrix} -\bar w & \bar v \\ \bar s & -\bar r \end{pmatrix}$$

mit $\bar r \bar w - \bar v \bar s = -1$ zu lösen. Das führt auf das Gleichungssystem

$$(154) \qquad \bar r = \tfrac{1}{2} (\bar t - b \bar u), \quad \bar s = a \bar u, \quad \bar v = -c \bar u, \quad \bar w = \tfrac{1}{2} (\bar t + b \bar u)$$

mit ganzem $\bar u = \dfrac{\bar s}{a}$, $\bar t = \bar w + \bar r$ und

$$(155)\qquad 4(\bar r\,\bar w - \bar s\,\bar v) = \bar t^2 - D\,\bar u^2 = -4\,.$$

Umgekehrt führt eine Lösung $\bar t, \bar u$ von (155) durch (154) zu einer Lösung $\bar{\mathfrak{S}} = \begin{pmatrix} \bar r & \bar v \\ \bar s & \bar w \end{pmatrix}$ von $(a, b, c)^{\bar{\mathfrak{S}}} = (-a, -b, -c)$. Wegen $(a, b, c)^{\bar{\mathfrak{S}}^2} = (a, b, c)$ transformieren die $\bar{\mathfrak{S}}^n$ bei geradem n die Form (a, b, c) in sich und bei ungeradem n in $(-a, -b, -c)$. Die zugehörigen Werte $\bar t_n, \bar u_n$ erfüllen für gerades n die Gleichung (148) und für ungerades n die Gleichung (155). Wegen $\bar{\mathfrak{S}} - \bar{\mathfrak{S}}^{-1} = \bar t\mathfrak{E}$ ist

$$\bar{\mathfrak{S}}^n - \bar{\mathfrak{S}}^{n-2} = \bar{\mathfrak{S}}^{n-1}(\bar{\mathfrak{S}} - \bar{\mathfrak{S}}^{-1}) = \bar{\mathfrak{S}}^{n-1}\,\bar t,$$

und es gelten die Rekursionsformeln

$$(156)\qquad \begin{aligned} \bar t_n &= \bar t_1\,\bar t_{n-1} + \bar t_{n-2} \\ \bar u_n &= \bar t_1\,\bar u_{n-1} + \bar u_{n-2}\,, \end{aligned}$$

gültig für $n \geqq 2$, wenn $\bar t_0 = 2, \bar u_0 = 0$ gesetzt wird. Über die Lösbarkeit von (155) ist noch nichts ausgesagt.

Satz 86: *Ist* $\bar t_1, \bar u_1$ *die kleinste positive Lösung von* (155), *so erhält man durch* (156) *alle positiven Lösungen von* (148) *und* (155).

Wir setzen (a, b, c) als reduziert voraus. Ist um $\bar{\mathfrak{A}}_1$ die nach (154) zu $\bar t_1, \bar u_1$ gehörige Matrix und $\mathfrak{N} = \begin{pmatrix} 1 & 0 \\ 0 & -1 \end{pmatrix}$, so ist $(a, b, c)^{\bar{\mathfrak{A}}_1\mathfrak{N}} = (-a, b, -c)$. Hier ist eine der Matrizen $\pm\,\bar{\mathfrak{A}}_1\mathfrak{N}$ ein $\mathfrak{R}(q_i)$-Produkt, da $\pm\,\bar{\mathfrak{A}}_1\,\mathfrak{N} = \pm\begin{pmatrix} \bar r_1 & -\bar v_1 \\ \bar s_1 & -\bar w_1 \end{pmatrix}$ und $|\bar w_1| > |\bar r_1|$ ist, und zwar dasjenige $\mathfrak{R}(q_i)$-Produkt, das die Form (a, b, c) in der Kette fortschreitend zum erstenma in $(-a, b, -c)$ überführt. Das folgt aus unseren Aussagen über das Wachstum der Zahlen in den $\mathfrak{R}(q_i)$-Produkten. Entsprechend ist $(-a, b, -c)^{\mathfrak{N}\bar{\mathfrak{A}}_1} = (a, b, c)$ und $\pm\,\mathfrak{N}\bar{\mathfrak{A}}_1$ dasjenige $\mathfrak{R}(q_i)$-Produkt, das $(-a, b, -c)$ zum erstenmal in (a, b, c) überführt. Also ist $\pm\,(\bar{\mathfrak{A}}_1\,\mathfrak{N})(\mathfrak{N}\,\bar{\mathfrak{A}}_1) = \pm\,\bar{\mathfrak{A}}_1^2 = \pm\,\mathfrak{A}_1^{\pm 1}$ und bei kleinster positiver Lösung auch von (148) damit $\bar{\mathfrak{A}}_1^2 = \mathfrak{A}_1$.

Die Frage nach der Lösbarkeit von (155) ist gleichwertig mit der Frage: Wann ist -1 in der Hauptklasse darstellbar? Allgemein gilt nämlich: Ist k in der Hauptklasse darstellbar, also $k = x^2 + bxy + cy^2$ mit $D = b^2 - 4c$, so wird $(2x + by)^2 - Dy^2 = 4k$ und umgekehrt.

Zur Bestimmung der kleinsten positiven Lösungen von (148) und (155) wird man das kleinste positive u suchen, für das $Du^2 \mp 4$ ein ganzzahliges Quadrat ist.

Beispiele: $D =$	5	8	13
$t =$	1, 3, 4, 7, 11, 18, 29 47	2, 6, 14, 34	3, 11, 36
$u =$	1, 1, 2, 3, 5, 8, 13, 21	1, 2, 5, 12	1, 3, 10

$D =$	21	73	89	136	145
$t =$	—, 5, —, 23	2136, 4562498	1000, 1000002	—, 70,	24, 578
$u =$	—, 1, —, 5	250, 534000	106, 106000	—, 6,	2, 48

Aufeinanderfolgende Lösungen von (155) und (148); Striche zeigen an, daß (155) unlösbar ist.

Zur Frage nach der Lösbarkeit von (155) beweisen wir

Satz 87: *Die Gleichung* $t^2 - pu^2 = -4$ *ist für Primzahlen* $p \equiv 1\ (4)$ *lösbar.*

Die Primzahl p ist dann Diskriminante, und $t^2 - pu^2 = 4$ ist daher lösbar; t_1, u_1 sei die kleinste positive Lösung. Wegen $t_1^2 - 4 = pu_1^2 \not\equiv -4\ (16)$ ist t_1 nicht durch 4 teilbar; dann ist aber $(t_1 + 2, t_1 - 2) = 1$ oder 4, und in beiden Fällen folgt aus $(t_1 + 2)(t_1 - 2) = p\,u_1^2$

$$(157) \qquad t_1 + 2 = pu_1'^2,\ t_1 - 2 = \left(\frac{u_1}{u_1'}\right)^2$$

oder

$$(158) \qquad t_1 - 2 = pu_1'^2,\ t_1 + 2 = \left(\frac{u_1}{u_1'}\right)^2.$$

(157) ergibt für (155) die Lösung $t_1' = \frac{u_1}{u_1'}$, u_1'; (158) ist nicht möglich, da t_1, u_1 die kleinste positive Lösung von $t^2 - p\,u^2 = 4$ ist.

Offensichtlich ist $t^2 - Du^2 = -4$ nicht lösbar, wenn D einen Primfaktor $\equiv 3\ (4)$ hat.

Sach- und Namenverzeichnis